Spinnenkinds Vermächtnis

Über die universelle
Persönlichkeitsentwicklung
in der personalen Lebensschule

sowie:

Über das Heilen mit dem erweiterten
Medizinrad

Stammdatenblatt
1. Auflage: Nidda, Januar 2015
2. Auflage: Nidda, den 24.08.2017
3. Auflage: Nidda, den 22.04.2018

Thorsten Nagel
Freier Druide Spinnenkind
Der mit dem Drachenherz heilt

(DRACO-Stiftung)
(DRACO INTEGRAL)

Auch wenn ich dieses Vermächtnis in der gemutmaßten Mitte meines Lebens verfasse, scheint mir dessen Titel doch gerechtfertigt, da aus Sicht der Drachen, mit denen ich arbeite, alles Wesentliche durch mich in meinen Büchern, den Draco-Veden, mehrfach zum Ausdruck gebracht wurde und aller Wahrscheinlichkeit nach nichts Wesentliches mehr hinzukommen wird. Warum dies so ist? Weil alles rund ist. Wenn ich morgen sterben würde, so hätte ich doch ein Werk hinterlassen.

Drachen und Reptiloide haben den gleichen Ursprung sind aber komplett geschiedenen Geistes. Um es auf den Punkt zu bringen: Drachen geht es um Freiheit; Reptiloiden um Unterwerfung!

Fortan beabsichtige ich dieses Wissen in erster Linie auf meinen Seminaren gemäß der Tradition von Mund zu Ohr weiter zu reichen und durch entsprechende Module und Manöver erfahrbar zu machen.

Im Folgenden werde ich dich mit deiner Erlaubnis duzen, da ich dich als Mensch (Singular) und nicht als Vertreter irgendeiner Gruppe oder eines Pendels (Plural: sie) anspreche.

Inhaltsverzeichnis

Das hier ursprünglich geplante <<Intermezzo>> wurde aus Gründen der eigenen Sicherheit wieder gestrichen..

TEIL 1: Universelle Persönlichkeitsentwicklung

*"Das System ist eine Hure, die noch immer zuckt,
obwohl man ihr längst den Kopf abgeschlagen hat"*

VORBUCH

- und überhaupt -

Ein Quereinstieg in die personale Entwicklung, wie in meinem Erstlingswerk <<Die Lebensschule - Handbuch eines zeitgemäßen keltischen Schamanismus>> skizziert, ist jederzeit möglich. Die Lebensschule entspricht der Matrix des lichten Strangs. Sie bildet als solche ein Gegenkonstrukt zum babylonischen System der Verschuldung und Versklavung.

In der Lebensschule übersprungene Schritte, Stufen oder Schwellen müssen allerdings nachgeholt werden, da das Gebäude deiner universellen Persönlichkeitsentwicklung sonst mittelfristig gefährliche Sicherheitslücken aufweisen würde. Du kannst beispielsweise kein Aufgestiegener Meister sein, ohne zuvor magisch gearbeitet zu haben. Du kannst kein Schamane sein, wenn es dir nicht gelingt, die eigenen Gefühle kreativ auszudrücken. Usw. Alles basiert und baut aufeinander auf. Gleichberechtigt zu deiner persönlichen *Entwicklung* gesellen sich sodann noch die *Heilung* und die oftmals unterschätzte *Vielfalt*. **Vielfalt oder auch Diversität sind** im Gegensatz zu dem von den Siegermächten und Bestimmerfamilien global lancierten Monokulturen, dem

1

Monotheismus, strengen kulturellen Tabus oder Denkverboten, der faktischen Einheitspartei, der Weltregierung, dem einheitlichen Geld (Euro), Uniformismus oder sonstigen Vereinheitlichungs-bestrebungen **fundamental wichtig**. Wir wollen keine US-Plastik-Welt, keine UNO-Welt ohne Friedensverträge[1] und keine Welt, in der die *eine Maschine* uns alle überwacht! Sei es durch Drohnentechnologie, RFID-Chips, HAARP, online-Untersuchung oder was auch immer! Wir, das Volk, wollen dieses Überwachungssystem nicht! Und warum? Weil wir – wie jedes andere Volk auch – das Recht haben, souveräne Deutsche zu sein und nicht nur Bundespersonal! Wir wollen selbstbestimmt und frei über unser Schicksal bestimmen! Wer immer noch nicht verstanden hat, dass wir in einem Krieg mit vielen Fronten leben, der möge selig weiter schlafen, man wird ihn als Kanonenfutter verheizen.

Daher sind Entwicklung, Heilung und Vielfalt mein Credo für die Menschen! Nur wer die global anstehende Transformation in Liebe annimmt und sich selbst entwickelt und heilt, wird mittelfristig überleben. Es ist Zeit für Veränderung! Die globale Transformation hat längst begonnen.

Doch zurück zu den vier Rängen freier Menschen: Der Rang des Kriegers war für die antiken Quellenschreiber *Cäsar, Diodor* oder *Strabo* so selbstverständlich, dass er in der Aufzählung keltischer oder im übertragenen Sinn

---

[1] Die UNO basiert auf dem Kriegsrecht der Siegermächte gegen die Verlierer des Zweiten Weltkriegs, Deutschland und Japan.

2

naturspiritueller Ränge schlichtweg vergessen wurde. So ist uns einzig die Dreiteilung von Barde, Vate (Schamane) und Druide überliefert. In Wahrheit aber sind es vier personale Ränge. Jeder Rang beinhaltet in erster Linie Bewusstseinsentwicklung; zudem aber auch Wissen, Emotionen, gesellschaftliches Vorankommen (Status) und Physis. Heilung und Vielfalt in der Entwicklung auf allen Ebenen inklusive.

Als menschliche Kardinaltugenden werte ich: Freiheit, Liebe, Wahrheit und Gerechtigkeit - und zwar in dieser Reihenfolge! Ohne Freiheit keine Liebe. Ohne Liebe keine Wahrhaftigkeit und ohne Wahrhaftigkeit keine Gerechtigkeit.

<u>Mich selbst verstehe ich als Bewusstseinsforscher:</u>
(a) linear-hierarchischer Entwicklung, wie sie in der folgenden, seitenübergreifenden Tabelle als einfache Zusammenfassung meiner jahrzehntelangen Erfahrungen in Bezug auf persönliche ("personale") Entwicklung dargestellt wird.[2]

(b) spiralförmig-qualitativer Entwicklung, so wie sie in Teil 2 dieses Vermächtnisses (<<Heilen mit dem erweiterten Medizinrad>>) aufgezeichnet und erörtert wird.

Beide, sowohl die personale Entwicklung in den Rängen (= lineare Hierarchie) als auch das aufgezeigte seelische Medizinrad (= spiralförmig-qualitative Entwicklung), sind europäischer, eurasischer, wenn nicht universeller

---

[2]   Man denke sich die horizontalen Linien der Tabelle also durchgehend.

3

Struktur. Nichts weniger als der Schlüssel allen Glücks liegt in diesen Aufzeichnungen verborgen, das Tor zur Erleuchtung.

Selbstverständlich ist mir bewusst, dass niemand mit dem hier Niedergelegten zu 100% in Übereinstimmung gehen wird. Dies wäre unnatürlich und wird auch nicht gefordert. Ich bin bereits dankbar dafür, wenn andere sich überhaupt ernsthaft mit meinem aus Menschenliebe geschriebenen Vermächtnis beschäftigen, also in Betracht ziehen, dass es wertvoll für sein könnte! Es geht darum, die Sinne des eigenen Herzens zu öffnen, innerlich zu verstehen und nicht einfach nur nachzuplappern. Alles Weitere geschieht dann wie von selbst! Dem Vermächtnis zugrunde liegt meine Absicht beizutragen, vielleicht eine Brücke zu bauen, deren einzelnen Stützpfeiler und Ufer du selbst bestimmst.

	Gesellschaft und Physis
Bürger	überlebt, weil er der Norm entspricht // sorgt daher mehr oder weniger gut für sich und seine Familie // Physis zumeist eher schlecht, da mit Gelderwerb, Partnerschaft, Familie etc. ausgelastet
Krieger	steigt aus der Massengesellschaft aus oder erst gar nicht in diese ein, weil er alles hinterfragt („rebelliert") // kann daher zunächst bestenfalls für sich selbst sorgen // trainiert sportliche Fitness // Heilung auf dem neunfachen Pfad // befreit sich aus dem Joch der Sklaverei
Barde	sein Ansehen entwickelt sich mit der Kunst // Physis gut, sie entwickelt sich mit der Kunst des Barden und passt sich dieser an
Schamane	sorgt für Sippe und Clan // als "verwundeter Heiler" heilt er sich zunächst selbst, sodann andere
Druide	sorgt für Stamm und Volk, auch wenn dies der Gesellschaft unter Umständen überhaupt nicht bewusst ist // Physis auf ganzheitlich hohem Niveau
Weiße Geschwisterschaft	sorgt für die gesamte Welt // ihre Mitglieder sind wahlweise *inkarniert* oder unverkörpert

Emotionen und Wissen	Bewusstsein
Gefühle werden oft unterdrückt // *manipuliertes Halbwissen* // Verdummung führt zu *Ver*krankung	*suboptimal//* *präpersonal*
stellt sich seinen Gefühlen // Wut und Trauer werden schrittweise sublimiert // sehr wissbegierig	erweitert sich stetig // *personal*
Ausdruck vielfältiger Gefühle durch die Kreativität // steigendes Wissen in Bezug auf alle lebenden Elemente und die planetarischen Sphären	eine individuelle Gottesvorstellung wurde erlangt // Akzeptanz der Naturgottheiten
spontaner Ausdruck aller Gefühle // gilt daher als "unberechenbar", teils „wild" // schamanisches Weltbild liegt zugrunde	arbeitet mit eigenen und fremden *spirits//* spirituelle Erleuchtung
ein Großteil seiner Emotionen wurde bereits transzendiert // erweitertes schamanisches Welt- und Seelenbild // mentale Erleuchtung	All-Eins-Sein
alle Emotionen wurden transzendiert // emotionale Erleuchtung // Einsicht in den GPDE	*transpersonal*

Jeder einzelne der auf dem Göttlichen Plan der Entwicklung (kurz: GPDE) vorgegebenen Ränge (also Wilder - Bürger - Krieger - Barde - Schamane - Druide - Aufgestiegener Meister - Bodhisattva - Gottesprophet - Avatar etc., wie sie in meinen Büchern dargelegt werden) ist mit jedem seiner Schritte notwendig zur Entwicklung des freien, *wahren Menschens*. Nehmen wir vier einfache Beispiele zur Veranschaulichung:

a) Ein Mensch hat Schnupfen, also die Nase voll von der Gesellschaft, und möchte Krieger sein, ohne sich der Disziplin des Bürgertums zu befleißigen. Er ist bestenfalls ein Wilder. Zum wahren Kriegertum gehören an erster Stelle Tugendhaftigkeit so wie Verlässlichkeit und Werte.

b) Ein kreativ schaffender Mensch, ein Künstler, hat nie die Dinge hinterfragt, nie aufbegehrt, sich nie den vier Grundelementen gestellt (= Kriegertum), geschweige denn den Reichen der Mineralien, Pflanzen, Tiere und Ahnen oder den planetarischen Sphären (= Bardentum). Niemals wird dieser "Künstler" etwas Nennenswertes oder Neues hervorbringen, sprich: vollendeter Barde sein!

c) Er nennt sich *Schamane*, kann aber keine Geschichten erzählen und keine Lieder singen (= Bardentum). Zudem hat er nie Schlachten geschlagen und wurde nie selbst verletzt (= Kriegertum). Grüße diesen Menschen einfach von weitem. Das Leben wird ihm schon noch zeigen, wo er wirklich steht. Bald schon wird er deiner Hilfe bedürfen!

d) Er trägt weiße Gewänder und hat doch weder Ahnung von der Heilkunst noch der Seele (= Schamanentum). Sollte er tatsächlich mal einen Geist treffen, läuft er davon. Sein Gewand bleibt im Strauch hängen, wo es besser aufgehoben ist. Ein Druide ist ein Lehrer. Was soll dieser *Weißling* lehren, wenn er von nichts Wesentlichen eine Ahnung hat?

Der *Weg des wahren Druiden* verläuft über Eigenverantwortung, Outdoortauglichkeit und die Pflicht zur Selbstverteidigung (= Kriegertum); über Lebenserfahrung, Quellenstudium und den Ausdruck von Gefühlen mittels Kreativität (= Bardentum); sowie über schamanisches Bewusstsein, Reisen in die Anderswelt und Heilung (= Schamanentum). Erst Tiefsinn, Ernsthaftigkeit, Integrität, Menschlichkeit und Humor machen einen Menschen zum Druiden, zum spirituellen Leiter seines Volkes.

Ich hoffe abschließend von der natürlichen Notwendigkeit der von mir vertretenden Abfolge *personaler Ränge* überzeugt zu haben. Im Übrigen ist diese Abfolge keine Erfindung von mir, sondern entspricht einer universellen Bewusstseinsentwicklung, wie sie in allen natürlichen Stammeskulturen weltweit vergleichbar überliefert wurde. Die Indoeuropäer oder Eurasier sind hierin also keine Ausnahme, sondern bestätigen die zweifelsfreie Abfolge. Fazit: Es gibt keine andere Reihenfolge. Der GPDE ist in dieser Hinsicht eindeutig.

In der momentanen bundesrepublikanischen Gesellschaft ist es leider nicht gewährleistet, dass die entsprechenden Bewusstseinsränge sich immer auch im Einkommen und gesellschaftlichen Ansehen des Mainstreams widerspiegeln. Aus diesem Grunde ist der wahre Entwicklungsstand eines Menschen oftmals nur schwer erkennbar. Dessen gesellschaftlicher Wert wird an seinem Geld festgemacht und nicht an dem von ihm erreichten Bewusstseinsstand. Nur weil ich ein freier Druide bin, heißt dies noch lange nicht, dass man mir deshalb in diesem Land Achtung entgegenbringt. Gleiches gilt für dich und deine seelische Entwicklung. Langfristig wird sich naturspirituelles Bewusstsein jedoch auch in Anerkennung und *Potential* jedweder Form zeigen! Im Übrigen ist auch gegen Geld an sich - als Tauschmittel - grundsätzlich nichts einzuwenden, sofern:

a) die geleisteten Tätigkeiten nach ihrem Wert für die Allgemeinheit taxiert werden;
b) das *verbrecherische* Zinssystem überwunden wird (hierzu später mehr) und
c) Produktionsmittel und Kapital immer wieder der Allgemeinheit zugeführt also umverteilt werden.

Im Einzelnen
*Produktionsmittel und Kapital dürfen nicht über Generationen hinweg im Eigentum und somit Privatbesitz Einzelner verbleiben. Mit anderen Worten: Einkommenssteuer, die Besteuerung von Arbeit, ist nichts als Diebstahl. Jeder, der diese Arbeit aus sich heraus leistet, sollte hierfür auch voll bezahlt werden!

*Grund- und Vermögenssteuer, die Besteuerung von Kapital, ist - im Gegensatz zur Einkommenssteuer -

9

gesellschaftliche Pflicht. Wer Reichtum alleine dadurch generiert, dass er bereits über Kapital verfügt, mehr als er selbst oder seine Familie je nutzen könnten, dessen Reichtum muss radikal umverteilt werden. Das sich von ihm angeeignete Kapital (Rohstoffe; Grund und Boden; ungenutzte Immobilien, Informationen etc.) gehört in Wirklichkeit allen. Kein Mensch dieser Welt hat das alleinige Recht auf die Nutzung dieser Güter.

*Im Zuge der Umverteilung von Reichtum bedarf es zugleich der Wiedereinführung von Almende. Almende = All-mende = von allen Männern/Menschen genutztes Gemeindegut. Hierzu zählen neben dem Land und seinen Schätzen auch die lebenden Elemente, die Zeit, der Raum, das Wissen, Kultur etc.. Niemand - auch nicht die *zehn Bestimmerfamilien* - sollte hierüber alleine verfügen dürfen, wie es momentan geschieht. Ich nenne dieses babylonische System bei seinem Namen: Sklaverei! Da wir aber alle, die Menschheit, rechtmäßige Eigentümer an Bodenschätzen, Kapital, Wissen, Wirtschaftsleistung etc. sind, bedarf es der Rückkehr zur Almende! Lassen wir uns also nicht länger versklaven!

*Das Zinssystem ist ein System der Schuld. Es ist ein Verbrechen an der Menschheit, favorisiert - zur Unterdrückung aller - von den globalen Finanziers der Weltbank aus den fernen Bergen der Macht. Wer dies noch immer nicht begriffen haben sollte, dem empfehle ich dringendst sich die diesbezüglichen Videobeiträge auf *YouTube* immer und immer wieder anzusehen, solange bis ihm sprichwörtlich die Augen aus dem Kopf fallen. Aus Sicht dieser Bestimmerfamilien unter dem Wappen der Rothschild muss deshalb auch der Islam verschwinden, welcher in seiner Wirtschaftsordnung keinen Zins vorsieht, sondern lediglich die Armenabgabe (*zaka'at*) in Höhe von 10% des individuellen Einkommens. Hierin liegt die eigentliche Wurzel der Misere des sogenannten Mittleren und Nahen Ostens[3]: Sein auf Ausgleich und Beteiligung gerichtetes - zinsfreies - Wirtschaftssystem widerstrebt den Interessen des internationalen Finanzsystems; sprich: der Macht! Also setzt man Islam (mit der eigentlichen Wortwurzel: **slm** = Frieden; siehe **salam** oder **shalom**) mit Islamismus gleich, unterwandert, bekämpft und unterwirft man ihn mit allen Mitteln: Aus Sicht der Bestimmer/Manipulatoren muss der Islam verschwinden, so tolerant sie sich (nach außen hin) auch geben mögen!

*Wir plädieren für eine Rückkehr zu nationalen Währung, welche von unabhängigen Staatsbank herausgegeben werden und hierbei jederzeit von realen Gegenwerten gedeckt wird: Und das Kaninchen war bereits im Hut: Der weltweite Hunger und Mangel wird binnen kürzester Zeit von der Erdoberfläche verschwunden sein!

*Durchschnittlich wird uns Mitteleuropäern über 50% des erarbeiteten Einkommens durch Besteuerung wieder entzogen. Ein nicht unbedeutender Teil dieses von uns durch Arbeitskraft und Kreativität erwirtschafteten Geldes fließt auch in die Tasche der privaten Geldverleiher. Zinsen = Schuld! So wurde es bewusst und perfide

---

[3] Im Sinne des eurasischen Lebensrades handelt es sich bei diesen Regionen sogar um das Zentrum unserer Welt; denn der eigentliche Osten ist (Südost-)Asien.

11

geplant und so ist es auch und möge Mutter Erde darüber zugrunde gehen! Denn woher sollen wir all dieses Geld nehmen, um unsere Schulden zu begleichen, wenn nicht durch weitere Zerstörung unserer natürlichen Lebensgrundlagen? Warum auch nicht? Die Besiedlung des Mars wurde längs anvisiert. (So oder doch so ähnlich entspricht es der Denkweise unserer Bestimmer.)

*Noch einmal zum Islam: Im muslimischen System soll der *Zaka'at* den Armen zugeführt werden! Ist es nicht logisch, dass da der gesamte Islam mit Propaganda, Waffen und Vergiftung systematisch bekämpft wird? Arme sind unproduktiv. Sie stören nur die schöne neue Weltordnung. Sie müssen verschwinden und sollten nicht unterstützt werden!

*Die islamische Kultur wird vom sogenannten Westen[4] systematisch zerstört. Dass auch die Muslime mit ihrem oftmals aufbrausenden Temperament und ihrem rigiden Wertesystem einen Anteil an der Diffamierung ihrer Kultur haben, steht auf einem anderen Blatt. Meines Erachtens sind es allerdings jene unter uns, die sich heutzutage - ohne zu differenzieren - am stärksten gegen den Islam, Islamisten oder Salafisten hetzen, die - wären sie selbst in einem islamischen Land geboren - zu den ersten religiösen Märtyrern zählen würden.

*Letztlich, durchschaut man die Dinge, geht von den zehn Bestimmerfamilien und ihren Machenschaften,

---

[4]   Im Sinne des europäischen Lebensrades entspricht Europa dem Norden der Welt und der Westen gehört den roten Völkern.

ihrem Zinssystem und ihrer Gier nach Macht[5] eine wesentlich größerer Gefahr für die Menschheit aus, als von allen Islamisten aller Zeiten. Die Zehn ist die Zahl Babylons, des okkupierten Baalstempel, des Mammon und wahren Herrschers aller Reptiloiden. (Wer kennt sie noch, die zehn verlorenen Stämme Israels, die man im Mittelalter die roten Juden nannte?)

*Darüber hinaus bin ich der begründeten Meinung, dass weder das Judentum, noch das Christentum, noch der Islam, als die drei großen monotheistischen Kulte unserer Zeit, zu Deutschland gehören, denn unserer Vorfahren hatten eine eigene Religion, Naturreligion, die es wiederzuerwecken gilt: Ásatrú, Keltoi, Wicca etc.

*Die *Bestimmer/ Manipulatoren* sind die größten und gerissensten Terroristen unserer schönen Welt, unser aller Blutsauger! 80 Köpfen von ihnen besitzen bereits jetzt so viel wie die gesamte ärmere Weltbevölkerung gemeinsam und dem 1% der Reichen gehört soviel wie den 99% aller anderen Menschen zusammen. Hallo?! Womit haben sie dies verdient?

*Ohne die Nahost-Politik und globalen Interventionen der USA gäbe es heute weder einen IS, noch Al-Kaida, noch andere vergleichbare Terrororganisationen. Sie alle sind die leiblichen Kinder Nordamerikas und jener globalen Hure, die allen Kriegsparteien Geld verleiht und sie mit Waffen ausstattet - um es einmal ganz deutlich zu sagen!

---

[5] Reichtum kann es nicht sein, was sie erstreben, denn ihnen gehören bereits über 85% aller Güter unserer Welt

*Islamisten, die Kinder der FEDERAL RESERVE HURE sind einfache *Wilde*, so wie es Nazis sind. Ihr Bewusstsein ist noch vor jenem des *Bürgers* angesiedelt. Der Westen (unter dem Einfluss der zehn Bestimmerfamilien) fährt hier eine zweifache Strategie. Zum einen unterstützt er Islamisten mit Waffen und Kriegsgerät und zum anderen bekämpft er sie und schafft so von Tag zu Tag neue Märtyrer. Statistisch gesehen kommen auf jeden getöteten Islamisten zehn neue. Der wahre Terrorist ist das US-Imperium selbst. Systematisch foltert und mordet es ohne Gerichtsurteil! Und rühmt sich dessen noch! Die IS-Kämpfer legen wenigstens die *Scharia* zugrunde. Der sogenannte Westen hingegen hat seine Werte längst verraten. Der Friedensnobelpreis eines *Barack Obama* war rassistisch motiviert, er galt seiner Hautfarbe. An Obamas Fingern klebt Blut! Täglich unterschrieb er - laut eigener Aussage – Mordurteile. Und über Trump möchte ich erst gar nicht reden!

Soweit hierzu. Es ist nicht alles erfreulich. Den Rest wird die Geschichte allerdings selbst erledigen, denn immer mehr Menschen erwachen, gehen den naturspirituellen Weg der *personalen Ränge* und werden eine weitere Versklavung wohl kaum hinnehmen. So wird alles ein gutes Ende nehmen, so vertrackt die Situation momentan auch scheint. Den islamischen und nationalsozialistischen *Wilden* von IS, dem NSU und andernorts empfehle ich grundsätzlich den Weg des Bürgers, um überhaupt erst einmal im 21ten Jahrhundert anzukommen! Man kann das Rad der Geschichte nicht zurückdrehen und schon gar nicht mit Gewalt. Alle Seiten sind gefordert, Schritte aufeinander zuzugehen. Die

Tugenden des *Bürgers* sind neben seiner "Disziplin" auch eine gewisse "Impulskontrolle", "Engagement für die Gesellschaft" und vor allem "Akzeptanz der menschlichen Werte" wie dem Respekt gegenüber anderen, der Einhaltung sinnvoller Gesetze zum Wohle aller, der Gleichstellung der Frau, dem Recht der Minderheiten und anderes mehr. Ist dies geleistet, geht weiter, immer weiter, der lichte Strang ist unser aller! Lasst euch nicht so einfach auseinander dividieren. Euer wahrer Feind ist weder eine Religion noch eine Nationalität. Er ist reptiloid! Es ist die Gier und die Angst in euren eigenen Herzen.

Naturreligion respektiert jeden Mensch, weil er Natur ist; schätzt jeden, der durch seine Körper (physisch, emotional, mental u/o spirituell) sein eigenes Einkommen verdient. Sie erkennt die natürlichen Unterschiede zwischen den Menschen an. Zugleich wendet sie sich offensiv gegen jegliche Form von (abwertendem) Sexismus, Rassismus oder Monotheismus!

Es ist kein Geheimnis, dass ich kein Freund unserer pseudodemokratischen Ordnung bin. Doch erst, wer den Weg des Bürgers beschritten hat und dessen "zivilisiertes Bewusstsein" erreichte, Andersartiges aushält, wird auf dem Weg der *wahren Menschen* voranschreiten können. Alles hat seinen notwendigen, gerechten Platz in der individuellen, gesellschaftlichen und globalen Entwicklung! Egal, wer gegen wen, Niederknüppeln und totschießen, die pure Gewalt - mag Spaß machen - bringt aber wenig! Hinter den Pseudodemokratien mit ihren Pseudowahlen stehen die eigentlichen Bestimmer!

Wechseln wir noch einmal zu einem weiteren Brennpunkt des aktuellen Geschehens: Auch die Ukrainekrise geht eindeutig auf Fehler und territoriale Macht- und Wirtschaftsansprüche des „Westens" zurück, welcher versuchte durch das EU-Assoziierungsabkommen Russland gezielt aus dem Rennen um Einfluss zu werfen. *Slawengrad* sollte weiter geschwächt werden. Dass Wladimir Wladimirowitsch Putin, der einst mit guten Absichten startete und vom Bundestag bei seinem Antrittsbesuch mit *standing ovations* bedacht wurde, jetzt sein KGB-Reptiliengehirn nicht mehr auszuschalten vermag! Naja, vielleicht hätte man sich auch darüber zuvor Gedanken machen sollen? Putin träumt von nationaler Ehre. Europa hatte vor der aktuellen Krise eine Bringschuld der ausgestreckten Hand gegenüber Russland, denn die Russen wollten ernsthaft verhandeln. EU und NATO aber waren sich zu fein und verletzten die russische Ehre. Nun haben wir das Schlamassel: 21tes Jahrhundert. Europäer sterben erneut im Krieg! Unschuldige? Schuldige? Kannst du hier unterscheiden? Gut? Böse? Ich kann es nicht!

Momentan gibt es auf dieser Welt übrigens nur drei Machtblöcke, wie es bereits Orwell[6] vorhergesehen hatte: die Anglosaxen, Russland und China. Auch die *eine Maschine* und Orwells *absolute Überwachung* sind längst fürchterliche Realität geworden. Das Schlimme: Der brave Bürger scheint sich daran noch nicht einmal zu stören: *"Ich habe doch nichts zu verbergen!"* Armer, gutgläubiger Irrer, darum geht es doch nicht, denn du hast doch längst die Kontrolle darüber verloren, wer

---

[6] George Orwell: "1984"

darüber bestimmt, ob du etwas zu verbergen hast oder nicht! Diese Entscheidung triffst längst nicht mehr du! Die Regeln machen andere! Wer weiß, was heute noch legal und rechtens scheint, kann morgen schon *kriminell* und verboten sein; z.B. das *googeln* des Namen "Rothschild", das Rauchen von Tabak oder anderer Pflanzen, die Erziehung der eigenen Kinder...

Mein Fazit: Diese Welt ist marode und bis ins Mark verlogen! Was also tun? Ist der von mir favorisierte "Rätenationalismus", wie ihn das Volk der Basken vorlebt, eine Lösung? Ich darf das baskische Bewusstsein - so wie ich es auf meinen Reisen erfahren habe - kurz skizzieren. Die baskische Landes-organisation (und ich spreche an dieser Stelle weder von der ETA noch von der spanischen Verwaltung) basiert auf drei einfachen Säulen:

1. Bilera
2. Auzolan
3. Rätenationalismus

Zu (1): Die Bilera ist die gemeinsame Versammlung und Beschlussfassung aller Freien. Wir sprechen hierbei von einem basisdemokratischen *Thing* oder einem *Counseling*. Die anstehenden Beschlüsse werden im Konsens gefasst - zumindest ohne grundlegende Einwände - und gelten als bindend für alle. Sie werden gemeinsam umgesetzt und zur gegebenen Zeit evaluiert und neu beschlossen. Die Bilera (Versammlung) ist zugleich die beschließende, ausführende und schlichtende (richtende) Instanz. Pure Basisdemokratie!

Einer anderen Organisationsform oder anderer staatlicher Organe bedarf es hierbei nicht! Jede Familie, jedes Haus, jeder Straßenzug, jedes Stadtviertel, jede Stadt, jede Region hat ihre eigene Bilera, zu welcher immer die von der jeweils unteren Bilera bevollmächtigten Vertreter geschickt werden, um bei höherrangigen Interessen eben diesen gemeinsam gefundenen Standpunkt aller Betroffenen zu vertreten. Niemals geht es dem Vertreter um eigene Interessen, sondern immer nur um den Standpunkt jener, die ihn sandten und zu denen auch er gehört. Weitere Hierarchien, insbesondere amtlicher oder behördlicher Art sind absolut unnötig! Das Volk verwaltet sich selbst. Es bedarf keiner Parteien, keines ständigen Parlaments, keiner Regierung, keiner Herrscher, keines Polizeiapparates, keines Justizsystems... Nichts dergleichen! Auch alle Finanzbehörden werden unnötig, denn wenn die Bürger zur Überzeugung kommen, eine neue Kita müsse gebaut oder eine Straße ausgebessert werden (etc.), entscheiden sie zugleich über deren Finanzierung. Im Übrigen habe ich in einem solchen System gelebt und weiß daher aus eigener Erfahrung, wovon ich spreche. Das baskische System der Bilera entspringt jahrhundertealter Praxis und nicht der Theorie eines spinnenden Kindes. Das einzig Notwendige ist ein Bewusstsein für die Ganzheit. Und dieses steigt und steigt und steigt. Die Basken (und viele andere Völker) haben es bereits! Mehrheitstauglich!

Zu (2): Das Auzolan ist der gemeinsame solidarische Arbeitseinsatz einer bestimmten Gruppe von Menschen. Ein Bilera bittet die Menschen der nächstgrößeren Bilera, um ihre Mithilfe. Unterstützung ist Ehrensache! Jeder, der verfügbar ist, also Zeit hat, über welche er im Übrigen in Absprache mit den anderen grundsätzlich selbst bestimmt(!), kommt um zu helfen. Beispielsweise beim Haus- oder Straßenbau, also bei Dingen, die sich leichter gemeinsam stemmen lassen als jeder immer nur für sich alleine. Um dies an einem praktischen Beispiel zu erläutern: Eine Hausgemeinschaft, die Bilera eines Hauses, beschließt den Ausbau einer angrenzenden Scheune, kann diesen jedoch nur schwer alleine bewältigen. Also lädt die Bilera auch alle Nachbarn zur Arbeit ein. Eine entsprechende Einladung könnte zudem über die nächst höhere Bilera (hier: die Bilera der gesamten Straße) verkündet werden. Jedes Haus schickt darauf hin ein oder zwei Helfer. Nach der Arbeit bedankt sich der Ausrichtende des Auzolans mit einem großen Festessen und Fest für alle! Selbstverständlich wird man im Gegenzug auch allen anderen Familien bei deren Auzolan und auch sonst helfen. Im Deutschen würden wir vielleicht von organisierter Nachbarschaftshilfe sprechen, wobei die gegenseitige Arbeitsleistung nicht monetär oder sonstwie aufgerechnet wird. Man erinnert sich nur einfach an die Traditionen! (Würde heutzutage vermutlich unter *Schwarzarbeit* fallen.) Ach, das Leben könnte so schön, lebenswert und einfach sein! In derartig organisierten Gemeinschaftssystemen bedarf es weder eines Zinssystems noch überhaupt des Geldes! In der Gemeinschaft, in welcher ich selbst in den Pyrenäen lebte, meinem Dorf, war der Besitz von Geld eher ein Problem, denn von Nutzen. Und ich habe seitdem nie mehr eine vergleichsweise hohe Lebensqualität erreicht!

Zu (3): Beachtet man die beiden vorangegangenen traditionellen Grundsätze, Bilera und Auzolan, wird die dritte baskische Säule, der Rätenationalismus, bereits verwirklicht: Es geht immer um größtmögliche Individualität bei gleichzeitiger Solidarität aller mit allen. Jegliche Entscheidungsfindung findet von unten nach oben statt! Es bedarf keiner übergeordneten Instanzen! Dinge werden immer auf jener Ebene beschlossen und organisiert, die auch wirklich von der Sachlage her betroffen ist! Jeder ist direkt am Entscheidungsfindungsprozess eingebunden![7] Der Einzelne steht hinter den Interessen der Gemeinschaft zurück und bringt sich doch aktiv ein! Es wird konsensorientiert und gemeinschaftlich entschieden, gelebt und gearbeitet! Es gibt daher keinen Parteiengeklüngel und keine Interessenkonflikte. Das System ist sehr flexibel und kann schnell auf Veränderungen reagieren! Das Baskenland ist im Übrigen die wohlhabendste Region Spaniens! Ein einfaches Vorbild, wie es jeder Betrieb und jede autonome Region erfolgreich übernehmen kann! Wir können die gesamte Welt in eine vergleichbare „Räterepublik" umgestalten!

Dies wäre aus meiner Sicht zumindest mal ein *politischer* Ansatz, der diesen Namen auch verdient. Auch in Chiapas, Mexiko, hat man dieses *links- oder rätenationale*, von mir "baskisch" genannte System erkannt und setzt es - gegen alle Widrigkeiten und staatliche Willkür - erfolgreich um. Bilera und Auzolan.

---

[7] Alle vier Jahre sein Kreuzchen bei irgendeiner Partei zu machen ist dagegen der absolute demokratische Witz.

Was mehr braucht ein Mensch zu seiner Selbstverwirklichung, seiner solidarischen Absicherung und seinem Lebensglück? Nichts! Auch das bedingungslose Grundeinkommen, von dem ich nach wie vor ein großer Fan bin, ist von staatlicher Zuwendung abhängig. Das baskische System hingegen trägt sich selbst! Und glaubt mir bitte: Es gibt nichts Schöneres als gemeinsam für eine gemeinsame Sache zu arbeiten. Dinge wie Arbeitslosigkeit, Langeweile oder das Gefühl, nicht gebraucht zu werden oder nichts verändern zu können, gehören auf einmal ebenso der menschlichen Vergangenheit an wie der ständige Stress, Arbeitsüberlastung oder Burnout. Das baskische System lässt den Einzelnen eine nahezu grenzenlose Freiheit und vereint sie doch zugleich! Es ist das naturgegebene System menschlichen Zusammenlebens auf diesem Planeten. Politische Trennungen in "links" oder "rechts", "Inländer" oder "Ausländer", "oben" oder "unten", "Muslim" oder "Christ" sind auf einmal unwichtig. Keine Trennung - keine Herrschaft! SAPO[8]! Das ist SAPO! Die Manipulatoren und ihre Schattenmänner werden auf einmal überflüssig und sind eingeladen, selbst zu freien, sozialen und vor allen Dingen auch nützlichen Menschen zu werden. Das gemeinsame Bewusstsein triumphiert! Wer einmal so gelebt hat, wird sich nie mehr etwas anderes wünschen! Manchmal verliere ich meine Geduld! Manchmal kann mir die Revolution des Bewusstseins und Transformation dieser Welt nicht schnell genug gehen. Manchmal leide ich an der menschlichen Ignoranz. Aber ich weiß aus dem tiefsten Inneren meines eigenen Herzens, dass es nur so und nicht anders

---

[8]   SAPO = Spirituelle Anarchie Pazifistisch Organisiert

kommen wird! SAPO ist bereits mitten unter uns! Der Menschheit steht eine glorreiche Zukunft bevor!

Ich wünsche mir, dass die weiteren gesellschaftlichen Bewusstseinstransformationen von *Wilden* zu *Bürgern* und von *Bürgern* zu *wahren Menschen* im Sinne der Lebensschule möglichst friedlich verlaufen werden! Das Potential der Revolution ist da! Wir dürfen es nicht an fundamentalistische oder rechtsnationalistische (auf einem Führerprinzip basierende) Strömungen verlieren! Der deutsche Bürger hat noch immer gerne seine Macht an - *aus seiner Sicht* - übergeordnete Instanzen abgegeben. Ich spreche von den tragenden Säulen dieses Systems, von Regierung, Wirtschaft, Schul- und Bildungssystem, den Religionen, Medien, dem Gesundheitssystem sowie weiteren internationalen Organisationen (EU, UNO etc.). Warum nur verzichtet der Bürger so bereitwillig auf seine Souveränität und die ihm gehörende Macht? Sind ihm deren Vertreter oder die Organisationen selbst moralisch überlegen? Ich glaube kaum.

Der internationale, nordische Bürger hat sich selbst zum Sklaven gemacht. Er verübt keine Terrorattentate, wie ein *Wilder*, und das ist auch gut so, doch lässt er sich ohne Selbstbestimmung und Macht *in seinem Verzicht auf jegliche Gewalt* ausbeuten und knechten. Das ist moderne Lohnsklaverei. 24 Stunden am Tag. Sieben Tage die Woche. 13 Monde im Jahr. Durch unseren Gewaltverzicht ist diese ja nicht aus der Welt verschwunden. Ganz im Gegenteil: Sie ist allgegenwärtig! Sie geht nun einfach nur von den Staaten und Pseudostaaten aus, den billigen Helfershelfern der globalen Finanziers und ihrer multinationalen Konzerne. Und zwar über unsere Köpfe hinweg. Sicherlich gibt es Menschen, die das System der BRD und bald ganz Europas für gut befinden. *"Es geht uns hier besser als andernorts auf der Welt!"* - *"70 Jahre Wohlstand und Frieden!"* Diese Menschen glauben alles, was sie in der Zeitung lesen. Sie kennen sicherlich den Spruch: *"Wer glaubt das Volksvertreter das Volk vertreten, glaubt auch, dass Zitronenfalter Zitronen falten!"* So ist es doch. Der nette, dumme Angestellte, der mit der ebenfalls versklavten hübschen Kassiererin flirtet, deren Markenbluse mit dem tiefen Ausschnitt ihm außerordentlich gut gefällt... Wie wird es denn weiter gehen mit euch fröhlichen Turteltauben? Zu glücklich, um zu wissen, dass ihr für den Rest eures Lebens von den Schattenmännern ausgeschlachtet werdet? Eurem noch zu gebärenden Kind, sagen wir es sei ein Mädchen und nennen wir es *Kapitalia* ... wird bereits kurz nach dessen Geburt bei der Blutabnahme zur *"Notwendigen Prüfung möglicher Erbkrankheiten"* der Einheitschip verpasst! Ein Chip zum orten, zahlen, kommunizieren... Es ist dies der ultimative Chip, das Endziel der Bestimmer. Eure Tochter kommt als Nummer zur Welt! Und eurem Sohn wird es nicht besser ergehen! Eine weitere Nummer zur Anfertigung von Massenware und zugleich Konsument seiner eigenen Arbeitskraft. Arbeit und Leistung für Unterhaltung und Konsum, so wird man ihn für euch erziehen! Von Selbstbestimmung, Muse oder geistiger Freiheit keine Spur. Er wird tun, was man von ihm verlangt! Ihr gabt ihm einen Vornamen, sagen wir „Peter", und die Bundesbehörde einen zweiten Namen, den sie

Familienname nennt, sagen wir „Menschmaschine". Mit eurer Einwilligung auf Ausfertigung der „Geburtsurkunden" mit dem behördlichen Namen degradiertet ihr eure Kinder bereits - bevor sie überhaupt sprechen konnten - zum Eigentum dieses Behördensystems. Sie unterliegen damit den AGB's einer NGO, die sich selbst „Staat" nennt und ihre AGB's „Gesetze"! Aus die Maus! In der Schule wird man ihnen beibringen, dass diese Worte hier *„nur dummes Zeug"* wären und wer sie glaubt ein *Krimineller.* Wer ist hier wirklich *kriminell*? Die Namen eurer Kinder sind Kapitalia und Peter Menschmaschine! Sobald ihre Arbeitskraft verbraucht ist, wird man sie austauschen durch fremde Völker „aus den Krisenregionen" oder gänzlich *deaktivieren*! Man? Die reptiloiden Bestimmer! Wollt ihr dies wirklich? Nein? Dann wacht endlich auf und fordert einhellig eure eigene Macht vom Staat, den Konzernen, den Militärs, den Finanziers und ihren Medien zurück! Wacht auf! Wacht endlich auf! Hinterfragt diese Dinge! Hinterfragt diese Welt! Ihr seid nicht alleine! Wir sind bereits viele! Sehr viele! Wir sind die überwiegende Mehrheit der Menschen auf diesem Planeten! Wir sind 99%! Wie viele von uns müssen zuvor noch sterben?

Ich bezweifle, dass es den heutigen Bürgern besser geht als den Haussklaven der Antike. Ich, freier Druide Spinnenkind, bin ein Freund des Friedens und zur gleichen Zeit bekennender Feind dieses globalen Herrschaftssystems. Würde man mich und mein Vermächtnis ernst nehmen, ich müsste um mein Leben fürchten! Es gibt kaum ein Land, in welchem - zumindest aus juristischer Sicht - die Menschenrechte mit größeren

Füßen getreten werden als im wiedervereinigten Deutschland. Das Grundgesetz ist bloße Makulatur. Rechtlich gesehen leben wir im Status eines besetzten Landes. Die sogenannte Bundesregierung ist lediglich eine Kolonialverwaltung gemäß den Statuten der Haager Landkriegsordnung Artikel Nr. 43. Deutschland ist kein souveräner Staat, sondern faktisch eine NGO (non govermental organisation), auch wenn dieser Status bei der UNO 1990 auch geändert wurde. Bloße Makulatur! Unsere Souveränität wird nur vorgetäuscht! Wo ist unser Friedensvertrag? Es gibt ihn nicht! Soll ihn nicht geben!

Die Rechtslage ist eindeutig: Barack Obama, aktueller US-Präsident, am 05.06.2009 in Ramstein: *"Germany is an occupied country and it will stay that way!"*

Und Wolfgang Schäuble, aktueller Finanzminister, am 21.11.2011 in Frankfurt: *"Wir in Deutschland sind seit dem 8. Mai 1945 zu keinem Zeitpunkt mehr voll souverän gewesen!"*

Oder bereits 1948 Carlo Schmid, einer der Gründungsväter unseres Grundgesetzes: *„Wir haben nicht die Verfassung Deutschlands zu machen. Wir haben keinen Staat zu errichten."* Klarer kann man es eigentlich gar nicht ausdrücken!

<u>Woher also weht der Wind?</u>
Die UNO ist eine Organisation der fünf Siegermächte oder ständigen Mitglieder im Weltsicherheitsrat. Sie schreibt als solche den permanenten Kriegszustand fort. Mit einem Friedensvertrag Deutschlands würde dieses

gesamte Konstrukt in sich zusammenfallen. Die UNO basiert auf Kriegsrecht. Mit einem Friedensvertrag Deutschlands würde sich die UNO der eigenen Grundlagen berauben. Hierüber belügt man uns! Menschenrechte in Deutschland? Fehlanzeige! Noch immer gelten die Todesstrafe und Folter des Kriegsrechts der Siegermächte. Dass erstere momentan in der Praxis nur selten vollstreckt wird, hängt damit zusammen, dass wir aus Sicht der Bestimmerfamilien und ihrem Hauptvasallen, der USA, gute deutsche Arbeitssklaven sind. Das deutsche Modell andauernder Entrechtung und Enteignung (oder können Sie mir eine deutsche Verfassung vorlegen?) wird nunmehr in der EU für ganz Europa fortgeschrieben. Auch Europa hat keine Verfassung, sondern nur eine Reihe von Einheitsverträgen.

Bereits von Jean Monnet, einem der Gründerväter der europäischen Union, wurde folgendes Zitat überliefert:

„Europas Länder sollten in einen Superstaat überführt werden, ohne dass die Bevölkerung versteht, was geschieht. Dies muss schrittweise geschehen, jeweils unter einem wirtschaftlichen Vorwand. Letztendlich führt es aber zu einer unauflösbaren Föderation..."

Man möchte hinzufügen: *"... ohne Menschenrechte!"* Und die Artikel 1 bis 20 GG? Berufe dich doch einmal darauf! Du wirst sehen, was geschieht. Bestenfalls überhaupt nichts!

Das politische, wirtschaftliche und finanzielle Ziel der sogenannten neuen Weltordnung ist eine globale Einheitsregierung, welche über die sechs kontinentalen Blöcke (NAFTA, MERCOSUR, EU, OAS, ASEAN, APEC) alle noch immer abweichenden Staaten *"auf Linie bringt"*. Sprechen wir doch einfach von einer sympathischen Agenda, die von der obersten Bestimmerfamilie mit dem roten Schild im Wappen favorisiert und von deren Vasallen schrittweise umgesetzt wird.

Jean-Claude Juncker, amtierender Präsident der Europäischen Kommission, erst kürzlich:

"Wir beschließen etwas, stellen das dann in den Raum und warten einige Zeit ab, was passiert. Wenn es dann kein großes Geschrei gibt und keine Aufstände, weil die meisten gar nicht begreifen, was da beschlossen wurde, dann machen wir weiter - Schritt für Schritt, bis es kein Zurück mehr gibt."

Das Endziel dieser Politiker und der hinter ihnen stehenden Mächte ist jedoch nicht nur die "neue Weltordnung", sonder letztlich - wie bereits dargelegt - der "Chip für alle". Die Menschmaschine?! Die *eine Sklavenmenschmaschine*, um genau zu sein! Mit deren Hilfe soll all unsere gesamte Kommunikation, unser Kontostand, unsere Mobilität etc. erfasst werden. Inklusive kleiner Cyanidkapsel zur *"Deaktivierung aufgrund gemeinschaftsschädigender Denkweise oder einheitsgefährdendem Verhaltens"*. Verschwörungstheorie? Wohl kaum! Bereits jetzt wird getestet, wie viel Panik man verbreiten muss, damit die Leute in Scharen zur Impfung rennen. Lass es uns "*Vogelgrippe*" nennen oder "*Schweinegrippe*", denn das klingt gut. Welche Mächte stecken eigentlich hinter dem *renommierten* Robert Koch-Institut? Ach so, der Chip? Na den gibt es natürlich gratis zur Impfung dazu! Alles zu unserer Sicherheit! Wie dankbar wir doch sein dürfen, dass so gut für uns gesorgt wird, Mutter Banane! Jetzt mal ernsthaft: Es gibt diese Pläne und man hat bereits damit begonnen, sie umzusetzen! Lasst uns also bitte zusammenstehen! Vergesst eure Unterschiede! Nur gemeinsam sind wir stark!

Die *Eliminierung unliebsamer Elemente* verläuft üblicherweise immer nach dem gleichen Muster. Lügen über die Medien verbreiten. Gezielt provozieren. Den Schuldigen definieren und die Drohne schicken. Aber das ist doch altmodisch! Sie haben recht, zukünftig wird einfach die Cyanidkapsel im Chip aktiviert. Oder eine HAARP-Frequenz wird freigeschaltet. (Ich bin leider kein Fachmann für Tötungsangelegenheiten. Es gibt verschiedene Methoden!) Erst die Gewalttätigen beseitigen, dann die Feinfühligen, dann die Freigeistigen und letztlich alle blöden Esoteriker und Spirituellen, die von einer anderen Welt träumen! Und überhaupt dies bösen „Verschwörungstheoretiker" und „Reichsbürger"! Alles zu "unserem Schutz"! Zu "unserem Besten"! Nur nicht auffällig werden im Netz! Ja den Mund halten! Dann wird nichts geschehen. Immer brav arbeiten und Einkommenssteuern zahlen! Ist dies eine Alternative?

Was ich nur immer mit meiner *Schwarzmalerei* will?! Ja, du hast recht. Es ist bereits zu spät für die

Manipulatoren, ihren Plan in allen Details umzusetzen, zu viele Details sind dank der Wissensschmuggler durchgesickert. Und: Die Basen der *Grauen* in den Bergen der Macht wurden zerstört! (Hierzu später mehr!) Das Wissen um den *wahren Menschen* und die *weltweite Revolution* sind nicht mehr zu stoppen! Möge man ernst nehmen, was ich schreibe! Sorge vor! Wir leben in einem Krieg mit vielen Fronten! Noch wird gekämpft!

Ich bin Spinnenkind, alte Seele, Sprachrohr der Wahrheit von Drachen. Ich erfinde nichts und muss nichts beweisen! Betrachten Sie Ihre Realität mit offenen Augen und Sie werden die Wahrhaftigkeit meiner Worte selbst erkennen. Es geht hier nicht um irgendwelche Verschwörungstheorien, sondern um unsere Realität im Jahr 2014 und darüber hinaus. Die einzige Möglichkeit, dem hier gedeuteten Szenario zu entkommen, ist es, sein Leben wieder selbst in die Hand zu nehmen und zwar die eigene Gesundheit, die Auswahl unserer Informationsquellen und Bildung, die diesen Namen verdient, Entwicklung gemäß der Bewusstseinsränge, Re-ligion naturspiritueller Erfahrung, Ausrichtung nach dem eurasischen Lebensrad, Erzeugung eigener Lebensmitteln (anstelle von Nahrungsstoffen), natürliche Erziehung von Kindern, weltweite tiefenökologische und soziale Standards, Tauschsysteme, regionale Währungen, gegenseitige Solidarität, Thing (Bilera), Umbenennung von Orten, Zeitqualität, begriffliche Definitionen, aus dem Herzen sprechen und mit dem Herzen hören etc. Einfach alles! Reset! Und Neustart! Endlich ist es soweit! Die dritte Bewusstseinswelle rollt! Die Lösung für alles: Bildet Gemeinschaften!

Im Übrigen bin ich allen Menschen aus tiefstem Herzen dankbar, die mit mir auf diesem oder einem ähnlichen Weg des Bewusstseins schreiten, denn ich weiß, wir sind nicht alleine. Wir sind die gewaltige Mehrheit! Wird man mich beseitigen, sind elf andere da! Niemand hat auch nur das Geringste zu fürchten! Unsere Seelen sind alt, wir kommen wieder! Und immer wieder! SAPO kommt mit uns! Aus Starre wird Hass, wird Wut, wird Aktion, wird Liebe!

Lassen wir uns also nicht länger versklaven und nehmen wir unser eigenes Schicksal selbst in die Hand! Baut Gemüse an! Versorgt euch selbst! Wir haben nichts, aber auch gar nichts zu verlieren und im Gegenzug sehr viel zu gewinnen: Freiheit, Gesundheit, Weisheit, Lebensqualität, Gerechtigkeit, Frieden und einiges andere mehr. Geben wir den globalen Finanziers also keine weitere Macht mehr, denn wenn wir auch noch immer mit ihrem billigen Digitalgeld und ungedeckten Falschgeld wirtschaften, so sollten wir ihre Zaubertricks nicht weiter durch unsere Ängste oder "negativen" Gefühle stärken! Lasst sie uns demaskieren, wo immer wir sie antreffen! Ihr erkennt sie an den schwarzen Anzügen und dem Blut an ihren Fingern! Lasst euch bitte nicht dazu herab, ihnen auch physisch zu schaden. Es reicht, sie zu entthronen. Es bedarf keiner "Strafe"! Sie sind bereits mit ihrem eigenen Gewissen und sich selbst genug gestraft!

Lasst uns gemeinsam die neue Weltordnung zu einem guten Ende träumen! Meine Überzeugung ist es, dass wir dieses Geschwür der zehn Bestimmerfamilien und ihrer

Helfershelfer, Schattenmänner und Vasallen mit der vereinten Bewusstseinskraft aller Menschen ein für alle Mal von der Erde fegen werden! Wir werden den Zustand, der von ihnen geschürten Kriege um Ressourcen, beenden, die Separation und die von ihnen errichtete Mauer der Angst durchbrechen! Der Mensch ist heilig! Es ist genug für alle da! Gehe ins Licht, Bruder! Gehe ins Licht, Schwester! Die wahre Macht gehört dem Volk und nicht dessen grauen Peinigern! Dem *personalen*, naturspirituellen Menschen kommt bei der bereits stattfindenden Bewusstseinsrevolutionen oder gesellschaftlichen Transformationen eine führende Rolle zu. Oder wer sonst hätte hierzu die moralische Legitimation? Geht alle selbst den Weg der Naturspiritualität! Es geht nicht um den Ruhm einzelner, sondern um eine *radikale* Transformation!

Doch lassen wir im Folgenden auch die "Gegenseite" zu Wort kommen...

Gesellschaftliche Ziele der schönen neuen Weltordnung

1. In der Welt braucht es weniger Menschen und mehr sexuelle Vergnügungen, um die Leute abzulenken und so bei der Stange zu halten.

2. Es braucht die Abschaffung der Unterschiede zwischen Männern und Frauen sowie der Abschaffung der Vollzeitmütter.

Hierbei werden auch gezielte Angriffe auf eine positive Männlichkeit gefahren, die zu deren permanenter Abwertung in den Medien, der Werbung, den Gesetzen, der Rechtsprechung, der Lehre sprich der gesamten Gesellschaft führt. Auf Umwegen wird so übrigens zugleich eine positive Weiblichkeit torpediert.

3. Da mehr sexuelles Vergnügen zu mehr Kindern führen kann, dies aber global momentan nicht erwünscht ist, braucht es freien Zugang zu Verhütung und Abtreibung für alle sowie die Förderung homosexuellen Verhaltens.

4. Die Kinderarmut mancher reicherer Länder soll durch die Zuwanderung aus anderen, ärmeren Teilen der Welt ausgeglichen werden.

Wäre dies nicht der Fall, würde man verstärkt in die nachhaltige Entwicklung dieser Länder investieren. Dies aber unterbleibt. Der scheinbare Protektionismus reicherer Länder gilt lediglich der Ruhigstellung der Massen.

5. Der weltweite Bildungsstandstand wird mit Ausnahme einer kleinen Elite von Bestimmern/ Manipulatoren bewusst gering gehalten, ja sogar noch weiter gesenkt werden.

6. Schule soll nicht zu selbstständigem Denken befähigen, sondern anhand der jeweiligen Lehrpläne auf die Berufswelt vorbereiten.

7. Aus dem gleichen Grund wird Alkoholkonsum gefördert und die Benutzung von Marihuana weltweit geächtet.

8. In der Welt braucht es einen Sexualkundeunterricht für Kinder und Jugendliche, der zu sexuellem Experimentieren ermutigt.

9. Es braucht die Abschaffung der Rechte der Eltern und ihrer Kinder.

10. Die Welt braucht eine 50/50-Männer/Frauen-Quotenreglung für alle Arbeits- und Lebensbereiche. Alle Kinder müssen möglichst früh staatlicher Betreuung übergeben werden.

11. Alle Frauen und alle Männer müssen zu möglichst allen Zeiten einer Erwerbsarbeit nachgehen. Wer dies nicht vermag, wird ausgesondert.

12. Religionen oder Systeme - wie auch der naturspirituelle Glaube -, die diese Agenda nicht mitmachen, müssen der Lächerlichkeit preisgegeben und gegebenenfalls vernichtet werden.

Beobachten Sie die Tagespolitik, Sie werden genau diese Ziele in den Entscheidungen unserer ferngesteuerten "Volksvertreter" schrittweise verwirklicht sehen!

Wenn ich deshalb ein Sexist oder Rassist bin, nur weil ich diesem schönen Zwölfpunktekatalog nicht zustimme, oder ein Kommunist, Anarchist, Rechter, Linker, Zionist oder Antizionist... dann bin ich es gerne! Der globale Judas jedenfalls hat ausgedient. Er hat die Menschheit bereits verraten!

Ich jedenfalls sage "NEIN ZUR NEUEN WELTORDNUNG!" und "ADIEU ROTHSCHILDS!" - Raus aus meinem Bewusstsein !!! Raus aus unserer Welt !!! Energetisch seid ihr bereits entmachtet. Euer schönes Babylon ist längst Vergangenheit!

Ach und übrigens habe ich nichts gegen Schwule, Lesben, berufstätige Mütter, Einwanderer oder Alkohol, falls dieser Eindruck aufgrund meiner Ablehnung der 12 hier gelisteten Ziele der NWO entstanden sein sollte. Ganz im Gegenteil, einige von ihnen zählen zu meinen besten Freunden! Ich plädiere einfach nur dafür, dass das Primat der deutschen Politik sein sollte, dass Eltern Zeit und Geld haben, sich um ihre Kinder zu kümmern! Auch deutsche Eltern! Dafür sollten sich unsere "Volksvertreter" einsetzen. Sie tun aber trotz anderslautender Versprechungen genau das Gegenteil hiervon! Schöne neue Welt!

Und noch etwas: Sie, die Bestimmerfamilien und ihre Schattenmänner, können noch so viele Seuchen künstlich in Laboren erzeugen und freisetzen, Gift über unseren Köpfen ausfliegen oder in unsere Lebensmittel einbringen, Böden systematisch kontaminieren, Kriegsgerät herstellen, Soldaten und Sicherheitspersonal züchten, Frauen unter falschem Vorwand sterilisieren, Kritiker einschüchtern und ermorden, Manipulations- und Vertuschungskampagnen starten, Gefängnisse und Folterkammern errichten, unsere Gene manipulieren und vieles andere mehr.

All dies taten und tun sie! Doch die Wahrheit ist:

WIR WERDEN SIE ÜBERLEBEN !!!

DER GRAUE STRANG IST DEM UNTERGANG
GEWEIHT !!!

DER LICHTE STRANG PERSONALER ENTWICKLUNG
TRIUMPHIERT !!!

ENERGETISCH WURDE DIESE WELT BEREITS
GERETTET !!!

DIE MACHT DER ZETAS (GRAUEN) WURDE
GEBROCHEN !!!

DIE SOGENANNTEN ELITEN SIND KOPFLOS !!!

ALLES WEITERE IST EINE FRAGE DER ZEIT !!!

JE MEHR DEN WEG DES WAHREN MENSCHEN
GEHEN DESTO BESSER !!!

HIER IST DIE UNIVERSELLE SPUR !!!

OHNE DIE HILFE DER ZETAS WERDEN AUCH DIE
REPTILOIDEN WEICHEN !!!

WIR SIND BEREITS FREI !!!

**LIEBE
FRIEDE DER WELT
FREIHEIT DEN VÖLKERN
ENTWICKLUNG JEDEM MENSCHEN**

BUCH DER BÜRGER

- als Bürger geboren -

Das Bürgerliche ist die vorherrschende Entwicklungsstufe in den Ländern der sogenannten "westlichen Welt", welche eigentlich eine *nördliche* ist, da der Westen den indigenen indianischen Kulturen gehört. Aber egal. Eine Beschäftigung mit allem Bürgerlichen ist unausweichlich, will man seine Funktionsweise verstehen und deren emotionale, mentale und spirituelle Panzer knacken.

Zunächst einmal sind die Friedfertigkeit und Disziplin, sprich "Zivilisierung" des bürgerlichen Ranges lobend hervorzuheben. Bürgertum ermöglicht es uns, uns weitestgehend frei und sicher- und zwar unabhängig von unserer Herkunft und unserem Geschlecht - durch *nördliche* Ortschaften, Städte, Wälder, über Wiesen und Felder zu bewegen. In diesem Fall würde ich von einer „zivilen bürgerlichen Gesellschaft" sprechen, wie sich auch noch in anderen Teilen der Welt vorkommt. Dass dies nicht immer so ist - man betrachte beispielsweise die teilweise chaotischen und kriminellen Zustände in US-amerikanischen Städten - liegt nicht an jenen, die das bürgerliche Bewusstsein in sich entwickelt haben, sondern an den noch immer *Wilden*[9]. In wieder anderen Ländern der Welt herrschen willkürliche Despoten mit ihren Schergen und verhindern hierdurch die Entwicklung ziviler Werte – definitiv eine Sackgasse menschlicher Entfaltungsmöglichkeiten! Auch der Norden ist hiervon nicht gefeit. Das Bürgerliche hingegen zeichnet sich

---

[9] nicht zu verwechseln mit wahren Kriegers

weder durch vorbewusstes Wildsein noch durch Willkür aus, sondern unterliegt dem Regelhaften.

Insofern stellt der bürgerliche Stand einen großen Fortschritt gegenüber Gewalt und Tyrannei dar. Natürlich hat aber Bürgertum auch ganz klare Schattenseiten: Es duckt sich weg im Angesicht von Gefahr, tendiert dazu, immer mehr seiner Macht abzugeben (an *Spezialisten* und höhere Behörden), verzichtet letztlich sogar auf die eigene Meinung (dadurch, dass man den Medien,den „Experten" oder einer fingierten öffentlichen Meinung Glauben schenkt), lässt sich wirtschaftlich und finanziell versklaven...

Fazit: Das weltweite Bürgertum ist im Kern verängstigt und agiert daher mutlos, fremdbestimmt und feige. Es bleibt so weit hinter der Bedeutung seines eigenen Ranges zurück. Die beherrschenden Instanzen (vom Bürgermeister an aufwärts) deuten dies als Aufforderung zu weiterer Machtübernahme. Man gibt den Bürgern gerade so viel zum Leben und Erholen, dass sie optimale Arbeitsleistung bringen. Nicht für sich selbst, wie man sie glauben macht, sondern für die Mächtigen. Und der Bürger akzeptiert. Er wird gemolken wie die Kuh im Stall. Es ist eine Lüge, dass bürgerliche Arbeit bürgerlichen Wohlstand hervorbringen würde. Sie erzeugt den Reichtum der Herrschenden! Jeder mit seinem Anteil am gemeinsamen Kuchen. Das ist alles. Der Bürger selbst schuftet sich von Jahr zu Jahr ärmer. Wer dieses Spiel nicht mitmacht oder nicht mehr mitspielen kann, wird ausgesondert, abgestellt. Die Schere zwischen Arm und Reich geht immer weiter auseinander. Man überlässt den

Verlassenen gerade noch so viel nährstoffarmes (manipuliertes) Essen, dass sie nicht plündern und revoltieren. Und natürlich einen großen Fernsehapparat! Die Wirkmechanismen dieses Systems sind Verängstigung, Segregation, Vereinzelung, (Ab-)Wertung anderer und Zementierung der Zustände.

Das Perfide an der freien Meinung und scheinbaren Wahlmöglichkeit ist, dass sie uns bereits vorgegeben werden: CDU oder SPD, links oder rechts, für oder gegen mehr Umverteilung, für oder gegen höhere Steuern, für oder gegen einen Regierungswechsel, eine Reform. All dies sind Kinkerlitzchen und ändern nichts am bestehenden System...

Wer von uns hat den überhaupt schon einmal einen einzigen eigenen Gedanken gedacht? Einen einzigen? Kannst du dir wirklich sicher sein, eigene Gedanken zu denken?

Was ist eine Demokratie? Man füttert die Masse mit vorgefertigten, manipulierten Informationen, welche Angst ("Bauchgefühl anstelle von Herzgefühl") hervorrufen. Gerade so viel, dass sie alle vier Jahre wählen geht, und wieder die CDU oder eine andere systemische Spielpartei. Ist das demokratisch?

Abschaffung der Parteien, der Regierung, des Steuer- und Finanzsystems.... Austritt aus Nato und EU... Sicherung der Außengrenzen... Verzicht auf Auslandseinsätze der Bundeswehr...

Nein, diese Dinge stehen nicht zur Wahl! (Es könnte sich ja vielleicht eine Mehrheit finden?)

<u>Fassen wir doch das Positive der bürgerlichen Stufe oder des bürgerlichen Bewusstseinsranges als Sockel persönlicher Entwicklung noch einmal zusammen:</u>

1. Die Grundtugend des Bürgers ist die Disziplin.

2. Er verinnerlicht die Grundlagen eines zivilisierten und funktionierenden menschlichen Zusammenlebens wie Hygiene; Ehrlichkeit; Pünktlichkeit, Wort halten...

3. Auf diese Weise müht er sich, trotz aller Steine, die man ihm in den Weg legt, weitestgehende Ordnung in alle seine Lebensbereiche zu bringen:
      3.1. Familie und Freunde
      3.2. Arbeit und Finanzen
      3.3. Wohnung und Haushalt
      3.4. Gesundheit

Arbeitsblatt Bürgertum 1: Grundlagen menschlichen Zusammenlebens

Sei ein guter Mensch!

Kümmere dich zunächst um dich selbst! Gesunde! Entwickele dich!

Frage um Hilfe, falls notwendig! (Das Leben ist eine Kette des Gebens und des Nehmens!)

Unterstütze andere, wenn möglich!

Respektiere die freie Marktordnung, die Demokratie und die Menschenrechte! (SAPO, die spirituelle Anarchie, kommt dann schon von alleine!)

Fliege unterhalb des Radars! Vermeide unnötige Konflikte!

Passe deine Sprache der jeweiligen Situation an!

Sei freundlich zu allen Menschen!

Stehe zu dir und deiner Familie!

Speise Wanderer!

Beschenke dich und andere! Sei großherzig!

Sei liebevoll zu Kindern! Adoptiere ein Waisenkind, solltest du über das notwendige Kleingeld verfügen!

Überwinde die Grenzen in den Köpfen und Herzen der Menschen!

Liebe das Universum und tue, was du möchtest! (Akzeptiere zugleich die Konsequenzen deines Handelns!)

Ehre die Kreisform!

Akzeptiere die Prinzipien der natürlicher Dominanz und des lebenslangen Lernens! (Natürliche Dominanz *führt* zum Wohle aller!)

Wende dich konsequent gegen Amtsmissbrauch und Bevormundung!

Bringe dich ein! Engagiere dich im Gemeindewesen, ökologisch oder sozial! (Wir brauchen dich!)

Übe dich in Basisdemokratie!

Respektiere den Glauben anderer Menschen und missioniere niemanden! (Jeder Glauben aus dem eigenen Inneren ist lebensfördernd!)

Hüte dich davor, dich an fremde Marken oder Pendel zu verpachten! (Woher stammt deine jeweilige Meinung?) Hinterfrage grundsätzlich alles! Prüfe dich selbst!

Schenke auch mir gelegentlich dein wunderschönes Lächeln!

Arbeitsblatt Bürgertum 2: Ordnung in allen Lebensbereichen: Familienverhältnisse

Personen	aktuelles Verhältnis und angedachte Maßnahmen der Heilung
Großeltern mütterlicherseits leiblich und angeliebt	
Großeltern väterlicherseits leiblich und angeliebt	
Vater leiblich und angeliebt	
Mutter leiblich und angeliebt	
Brüder leiblich und angeliebt	
Schwestern leiblich und angeliebt	
Söhne leiblich und angeliebt	
Töchter leiblich und angeliebt	
Enkelkinder leiblich und angeliebt	
Partner/in	
Expartner/in	

weitere (wichtige) Expartner/innen	
sonstige Personen mit positivem Einfluss	
Personen mit negativem Einfluss	
sonstige ehemals wichtige Personen	

DRACO INTEGRAL, Spinnenkinds Firma, unterscheidet grundsätzlich folgende sechs Institute:

a) die Freundschaft und Familienbande;
b) gegenseitige Sympathie
c) die Nachbarschaft und Kollegialität;
d) die wohlwollenden Neutralität;
e) die Meidung sowie
f) die Feindschaft

... und ist bestrebt, das jeweils bessere (höhere) Institut für alle Menschen zu erreichen.

P.S.: Auch das Verhältnis zu Verstorbenen und allen Ahnen kann nachträglich noch geheilt werden. Besser ist es zu Lebzeiten!

Arbeitsblatt Bürgertum 3: Ordnung in allen Lebensbereichen: Arbeit und Finanzen

1. Arbeitest du grundsätzlich gerne?
2. Welche Art von Arbeit gefällt dir?
3. Welche Art von Arbeit führst du weniger gerne aus?
4. Über welche Ausbildung/Berufsausbildung verfügst du?
5. Arbeitest du in deinem erlernten Beruf? (Warum nicht?)
6. Wie lautet deine momentane Berufsbezeichnung?
7. Bereitet dir deine momentane Arbeit meistenteils Freude? (Oder stehst du kurz vor einem Burn-out? Oder einem Bore-out?)
8. Gibt es etwas anderes, was du lieber tun würdest? (Was?) (Wenn ja, warum?)
9. Was magst du an deinem momentanen Beruf am meisten?
10. Was schätzt du an deinem momentanen Beruf überhaupt nicht?
11. Kannst du dir vorstellen, auch noch in 10 Jahren in deinem jetzigen Beruf zu arbeiten? (Warum nicht?)
12. Wenn Geld kein Problem wäre, was würdest du dann tun/arbeiten?
13. Kommst du grundsätzlich mit deinen Finanzen zurecht?
14. Ist dein Konto momentan überzogen?
15. Wann war dein Konto zuletzt überzogen?
16. Welche Fortbildungsmaßnahmen sind geplant?
17. Welche Fortbildungsmaßnahmen werden dieses Jahr konkret durchgeführt?

Arbeitsblatt Bürgertum 4: Ordnung in allen Lebensbereichen: Wohnung und Haushalt

Wie oft bist du in deinem Leben bereits umgezogen?

Lebst du gerne, dort wie du gerade lebst?
(Fühlst du dich sicher und geborgen?)

Was missfällt dir an der gegenwärtigen Wohnsituation?

Was möchtest du ändern?

Wann und wie soll das geschehen?

Wie sähe dein Traumanwesen aus?

Oder würdest du lieber in Gemeinschaft leben?

Wie stark ist dieser Wunsch?

Was kannst du unternehmen, um ihn zu verwirklichen?

Was soll noch im Laufe deines Jahres an der gegenwärtigen Wohnsituation verbessert werden?

Arbeitsblatt Bürgertum 5: Ordnung in allen Lebensbereichen: Eigene Gesundheit

Zur ganzheitlichen Gesundheit selbst bedarf es
1. den grundsätzliche Voraussetzungen sowie
2. dem neunfachen Weg der Heilung (AA - JJ).

Beide werden von mir im *"Buch der Heilung"* ausführlich dargelegt. Ist diese Heilung erst geschehen, steht einem kraftvollen Aufbegehren und Aufbruch in die Welt der personalen, naturspirituellen Ränge nichts mehr im Weg.

gemäß dem DRACO-Motto:

"Größtmögliche Eigenverantwortung und Freiheit
unbedingte Wahrhaftigkeit sowie
Liebe zu allem Sein!"

Oder:

"Aus der Fülle in die Fülle!"

BUCH DER GESUNDHEIT

- ich bin gesund -

Grundlagen von Gesundheit

Als Druide sehe ich Krankheit immer als Resultat unangemessener Lebensführung, wenn auch nicht in einem moralischen Sinn ("Strafe"), sondern eher im Sinne eines liebevollen, kosmischen Hinweises! Von wenigen Ausnahmen abgesehen bahnt sich die Krankheit als *Eindringling* ihren Weg über den *spirit*-Körper, den Mentalkörper und den Emotionalkörper in unseren physischen Leib. Die Ursache aller Krankheit liegt in der falschen Lebensführung in mindestens einem dieser vier Körper. Wird sie bereinigt, verebben alsbald all deren Symptome. Es verbleiben lediglich Erinnerungen an die vergangene Erkrankung, in Form einer *natürlichen Impfung*.

Wir sprechen im Falle des Eindringens einer Krankheit in den physischen Leib von einer körperlichen Schwachstelle. Diese ist auch nach dem Abklingen der Symptome verstärkt zu bewachen! Jeder Mensch hat mindestens eine solche Schwachstelle in der Rüstung jedes seiner vier Körper! Dies ist die jeweils schwächste Stelle im vierfachen Verteidigungssystem (Immunsystem), jener Ort, an dem die Welle des kosmischen Eindringlings unseren Schutzdamm überflutet oder dessen Mauer durchbricht. Über diese Stelle kommuniziert das Universum mit uns!

Erfolgt eine Heilbehandlug, ist es möglich, dass die Symptome danach noch einmal kurz stärker werden, um dann gänzlich zu verschwinden! In diesem Fall sprechen wir von einer *Impfung* durch den Eindringling!

Unbehandelte Krankheiten, für die das Immunsystem aber über ausreichende Abwehr verfügt, verschwinden mit der Zeit wieder über unseren Harn, Schweiß, unsere Hände und insbesondere auch unsere Beine und Füße in die Erde. Sie wandern oder fließen sozusagen von oben nach unten und werden so geheilt.

<u>Was sind für dich die Voraussetzungen seelischer und körperlicher Gesundheit?</u>
1. Hygiene (Körper, Kleidung, Wohnung und Umweltverhalten)
2. Positives Fühlen (emotionale Hygiene)
3. Positives Denken und achtsame Informationszufuhr (mentale Hygiene)
4. Wertschätzende Kommunikation und Freundschaftspflege
5. Verzeihen (*Ho'oponopono* als seelische Hygiene)
6. Bewusste, gesunde Ernährung ink. Umgang mit Drogen (gesundes Blut)
7. Sport und körperlicher Ausgleich (Atmung, Muskulation, Kondition und Elastizität)
8. Lebensbejahende Sexualität und zärtliche Berührungen

Kann man bei der heilenden Arbeit mit dem Medizinrad auch Dinge falsch machen?

Ja, sicherlich. Es bedarf wie immer geübter Therapeuten und Heiler. Dennoch, in der festen Hoffnung, dass sich unser gesamter Bewusstseinszustand fortlaufend anheben wird, übergebe ich meine Materialien, Überlegungen und Forschungen in diesem meinem Vermächtnis der Menschheit zur freien Verfügung. Möge sie alleine über deren Richtigkeit, Sinnhaftigkeit und Heilwirkung entscheiden! Möge sie Gutes tun!

Der neunfache Weg der Heilung

Vorausgesetzt für den folgenden neunfachen Weg der Heilung werden ein funktionsfähiges Knochen- und Knorpelsystem; gebrauchbare Muskeln, Sehnen und Bindegewebe; ebenso wie ein funktionierendes Harn- und Geschlechtssystem. Ansonsten nämlich empfiehlt sich der Gang zum Urologen. Im Zweifel ist also immer auch die Meinung mindestens eines Facharztes hinzuzuziehen.

Die neun Pfade zur Heilung sind
AA   Die Heilung aller Organe
BB   Das hormonelle System
CC   Das Aufstellen aller Elementare
DD   Die Rückkehr aller Seelenanteile und der Vitalkraft
EE   Die Auflösung aller Gesichter
FF   Die Überwindung allen Karmas
GG   Die Meisterung aller Tabus und Süchte
HH   Die Überwindung aller charakterlichen
      Unzulänglichkeiten
JJ   Die Authentizität in allen Lebensbereichen

ZU AA, der Heilung aller Organe: Bei den Organen werden zunächst die neun inneren Organe (Lunge, Bronchien, Leber, Niere, Galle, Milz, Herz, Magen und Darm) von den sechs Sinnesorganen (Gehör, Geseh, Geruch, Geschmack, Getast und Gedenk) unterschieden. Das Gedenk ist dreigegliedert in Gedächtnis, Gehirn und Rückenmark. Abschließend sprechen wird dann auch noch vom Gefühl als "siebtem Sinn" und dem Gespür oder der Intuition als "achtem

Sinn". Zum Gefühl gehören in der DRACO-Systematik[10] ferner die Haut, Haare, Zähne und Nägel.

Sollten bei irgendwelchen dieser Organe und/oder Sinne eine die normale Abnutzung übersteigende Störung vorliegen, ist die Wahl der entsprechenden Behandlung auf die jeweilige Störung abzustellen. Gegebenenfalls ist auch ein Internist hinzuzuziehen.

Bei den heutigen Menschen (*Bürgern*) sind bei den inneren Organen oftmals insbesondere die Atemfunktionen (Lunge und Bronchien) durch die ständige Raucherei, die Leber durchs Trinken, Magen und Darm durch den maßlosen Fleischkonsum, die Niere durch allerlei Gifte, die Galle durch den ständigen Ärger und vor allem das Herz in vielen Fällen schwerstens angegriffen. In einem solchen Fall von *gesunden Menschen* zu sprechen ("höhere Lebenserwartung als früher" etc.) spottet jeder Beschreibung und ist zudem nicht wahr! Der *lemurische Nomade* beispielsweise war größer, stärker und gesünder als wir. Er führte ein glücklicheres Leben und seine Lebenserwartung überstieg die unsrige fast um ein Dreifaches. Seine Entscheidungen traf er aus dem Herzen! In den allermeisten Fällen ist der zeitgenössische Bürger - hinsichtlich seiner Sinne und Organe - ein vergifteter, *verkrankter* Mensch.

Was hilft ist die Einsicht in eigenes Fehlverhalten, die Absicht, dieses zu ändern, eine radikale Ernährungsumstellung begleitet durch die Übernahme

---

[10]   Stand: November 2014

lebensfreundlicher Verhaltensweisen (beispielsweise eines *magischen Programms*) sowie die vermehrte Rückkopplung und Arbeit mit dem siebten und achten Sinn (sprich: Gefühl und Intuition)! Ebenso wie mit unserem siebten und achten Chakra (*Seelenkessel*). Werden die genannten Punkte konsequent umgesetzt, entgiftet und heilt unser wunderbarer Körper meistens wieder von alleine!

Zu BB, dem hormonellen System: Das reibungslose Funktionieren dieses Systems ist von größter Bedeutung für alle Körperfunktionen:

Das DRACO-System unterscheidet folgende sieben Drüsen. Aus seiner Sicht ist es ausreichend mit diesen sieben zu arbeiten, da das Funktionieren kleinerer Drüsen im menschlichen Körper in erster Linie von diesen sieben abhängt:

a) Hirnhangdrüse oder Hypophyse (20 Hormone; u.a. Oxytocin)
b) Zirbeldrüse oder Epiphyse
c) Schilddrüse (Thyroxin ink. Epithelkörperchen)
d) Thymusdrüse (Immunsystem!)
e) Nebennieren (Adrenalin und Cortisol)
f) Bauchspeicheldrüse oder Pankreas (Insulin)
g) Keimdrüsen: Hoden (Testosteron) und Eierstöcke (Oestrogen)

Die genannten Drüsen stehen in dieser Reihenfolge zugleich mit den sieben Chakren vom Scheitel- bis zum Basischakra 1:1 in Verbindung. Was die Gesundung der einzelnen Drüsen des hormonellen Systems anbelangt, habe ich noch keine allgemeingültige Lösung gefunden. Neben einer gewissen Disziplin (z.B. Sport) in der persönlichen Lebensführung ist hierbei sicherlich auch die eigene Imagination von größter Bedeutung, also das Füttern der Drüsen mit positiven Bildern. Sprechen Sie darüber hinaus wohlwollend mit ihren Drüsen und stimulieren sie diese durch Klopfen oder das Auflegen Ihrer Hände. Von den alternativen Heilmethoden scheinen mir insbesondere die Homöopathie sowie die Akupunktur bestens geeignet, um hormonelle Prozesse anzuregen!

Zu CC, dem Aufstellen aller Elementare: *Elementare* sind uns unterstützende oder auch schädigende energetische Wesenheiten. Hier muss eine grundlegende Ordnung geschaffen werden! Alleine das bewusste Beschreiten des naturspirituellen Weges wird zu einiger Klärung führen.

Man erkennt seine Elementare am besten im erweiterten schamanischen Bewusstseinszustand während schamanischer Reisen oder ruhiger Stunden eigener Kraft. Ich kann zum gegebenen Zeitpunkt nicht wirklich beschreiben, wie das funktioniert. Persönlich erkenne ich meine Elementare an deren *Wirken*, der von ihnen gesendeten *Schwingung*, ihrem *Namen*. Ich arbeite mit ihnen so selbstverständlich wie mit meinen Freunden. Ich wünschte, ich könnte es besser erklären. Etwa halbjährig wird die Liste meiner Elementare von mir überarbeitet. Sie wurden so zu einer Art "Hilfsgeister" für mich. Ihr schädigender Einfluss wurde minimiert. Ihre Nützlichkeit überwiegt bei weitem. Wir alle haben Elementare *(spirits)*. Sie sind wie die verschiedenen Stimmen in unserem Kopf. Je bewusster wir uns dessen werden, desto gezielter lassen sie sich für unsere Zwecke einsetzen und nutzen. Auf dem neunfachen Weg der Heilung muss ein Adept lernen, seine Elementare mit seinem Dritten Auge (oder auf andere Weise) wahrzunehmen und erfolgreich, zum Wohle aller, mit ihnen zu arbeiten!

Zu DD, der Rückkehr aller Seelenanteile und der Vitalkraft: Alle unsere *Seelenanteile* gehören zu uns! Zum grundlegenden Konzept der Seelenanteile siehe bereits vorausgegangene Schriften meinerseits. Sollten sich im Laufe des Lebens bestimmte Seelenanteile aufgrund von Unfall, Schock, Vergewaltigung etc. abgespalten haben, sind sie zurückzuholen, wollen wir in unserer vollen Vitalkraft stehen. Die abgespaltenen Anteile gehören - quasi per Göttlichem Dekret - zu uns. Die entsprechende Methode, sie wieder einzusammeln, ist die Seelenrückholung. Manche Seelenanteile kommen aber auch von alleine zurück, wenn man sie darum bittet und die entsprechenden Rahmenbedingungen schafft. Von den Seelenanteilen und ihrer Vitalkraft zu unterscheiden ist die *Vitalseele*. Geht sie verloren, sterben wir im Normalfall binnen weniger Minuten. Sie steigt hinab in die unteren Welten und wird dort von Krafttieren und anderen Wesenheiten als Nahrung verspeist.

Zu EE, der Auflösung aller Gesichter: *Gesichter* sind unsere eigenen Selbstbilder, die unser Handeln beeinflussen und zu sogenannten Mustern erstarren. Die meisten Gesichter entstammen aus vergangenen Leben. Sie sind komplett zu überwinden. Andere sprechen im Zusammenhang mit Gesichtern auch von uns selbst betreffenden Glaubenssätzen. Eines unserer Gesichter könnte ein Bettler sein; der entsprechende Glaubenssatz wäre: *"Ich werde es nie zu etwas bringen!"* Dieser und andere Glaubenssätze entstehen aus den Gesichtern und gehen mit bestimmten Handlungsmustern unsererseits einher. Muster, ganz egal welcher Art, sind langfristig aber nie etwas Positives, da sie uns in unserer Spontaneität und letztlichen Freiheit behindern. Wir blockieren uns selbst, halten wir an ihnen fest.

Bei der Auflösung aller Gesichter gilt die *Formel des sowohl als auch*. Ich bin zwar dies, trage dieses Gesicht, bin aber auch dessen Gegenteil. Man kann seine Gesichter also nicht einfach leugnen oder ablegen. Man sollte sie durch deren Gegenteil ergänzen und so in die universelle Einheit führen. Dies gilt im Übrigen auch für "positive" Gesichter (z.B. das Gesicht eines Weisen, Herrschers, Helfers oder Heilers) und selbst für unser Avatargesicht[11]. Ich bin und werde zu meinem Avatar, bin aber zugleich auch alles andere. In erster Linie sind wir selbst und unsere eigene Bestimmerkraft beim Erkennen und schrittweisen Auflösen unserer Gesichter gefordert. Auflösen erfolgt in die Einheit der siebten Oberwelt oder die Ebene der Einheit, des Bewusstseins und der Energie. Beide sind identisch. Höchste Erleuchtung = Einzige Erleuchtung.

---

[11] Jenes Gesicht, was in diesem Leben die höchste für uns erreichbare Stufe unserer Seele ist.

Zu FF, der Überwindung allen Karmas: *Karma* ist jenes Schicksalspendel, welches uns gnadenlos mit den Folgen unseres eigenen Handelns der Vergangenheit konfrontiert. Der beste Weg, sein eigenes Karma zu überwinden, ist, die Vorstellung vom Karma-an-sich fallen zu lassen. Dies wäre der Weg des Advaita. Solltest du dennoch weiterhin an Karma glauben, versuche es am besten mit Demut und guten Taten. Solltest du allerdings nie an Karma geglaubt haben nach dem Motto "*Nach mir die Sintflut!*", wird dich dieses Pendel schon bald mit unerbittlicher Härte treffen! Es kann nur eine bewusste Überwindung und Loslassen von Karma geben. Niemals unbewusstes "glückliches" Verschont-bleiben. Erst durch unsere Vertreibung aus dem Paradies wird ein bewusster Neueinzug möglich. Wir kennen jetzt das gesamte Leben und entscheiden uns bewusst für die Einheit! Hätten wir das Paradies nie verlassen, es gäbe keine bewusste Entwicklung hin zu höheren Seinsebenen. Einzig unsere Bewusstheit also hilft uns, *Karma* zu überwinden.

Zu GG, der Meisterung aller Tabus und Süchte: Bei der Meisterung aller Tabus und Süchte ist meines Erachtens in erster Linie erneut die Disziplin gefragt. Es reicht allerdings nicht, die jeweilige Sucht zu unterdrücken. Sie muss zunächst persönlich anerkannt und sodann durch positive Verhaltensweisen ersetzt werden. Andererseits gilt: Wer die Regeln kennt, kann damit spielen. *Tabu* und *Medizin* (*Dogma*) sind nichts als Krücken. *Tabu* ist das Nicht-Tun und Vermeiden von unerwünschten Handlungen zwecks Erlangen von Gesundheit und Heilung. Z.B. keinen Alkohol mehr trinken. *Medizin* hingegen ist das gezielte Tun und erwünschte Verhalten mit dem gleichen Ziel. Z.B.: Täglich ein Sonnenbad nehmen. In diesem Fall gleicht die Medizin einem Dogma: *„Du musst!"* Das Endziel sollte immer die eigene Makellosigkeit und Freiheit sein.

Persönlich empfehle ich zum Erreichen von Freiheit das wiederholte Durchreisen des kompletten Lebensrades. Erst wer das Spiel von Tabu und Medizin beherrscht und sich ausreichend mit den Königreichen der Süchte und Begierden auseinandergesetzt hat, wird deren *Impfung* empfangen und fortan frei von allem Verlangen leben können. Der Meister lebt seine Süchte deshalb einfach aus. Ohne Meisterschaft kann es sich hingegen durchaus als sinnvoll erweisen, die nächstgelegene Drogenberatungsstelle einzuschalten. Voraussetzung hierfür ist die Erkenntnis der eigenen Unzulänglichkeit in dieser Sache.

Zu HH, der Überwindung aller charakterlichen Unzulänglichkeiten: Im Gegensatz zu den sinnlichen und/oder seelischen Süchten sehen wir die charakterlichen Unzulänglichkeiten in erster Linie im Bereich des Emotionalen, welcher sich dann auch im Körperlichen ausdrückt.

Beispiele charakterlicher Unzulänglichkeiten, die sich über das Emotionale im Physischen entladen sind:

- Aggression/Gewalt
- Traurigkeit/Niedergeschlagenheit bis hin zur Depression
- Müdigkeit/Erschöpfung bis hin zu Antriebslosigkeit und
    Burnout

- Lebensangst/Furcht vor verschiedenen Dingen
- Unmündigkeit/Abhängigkeit
- Eifersucht oder Neid
- Lieblosigkeit und Gefühl des eigenen Ungeliebtseins
- Unachtsamkeit und das Gefühl der eigenen
    Wertlosigkeit
- Ungeduld oder der Wunsch zu missionieren
- Jähzorn oder Wut; Wut steigert sich in Rage
- Hass

Diese sowie andere Unzulänglichkeiten betreffen unsere gesamte Gesellschaft und spiegeln sich lediglich in den Einzelnen wieder. Dieser, der Einzelne, ist jeweils nur Stellvertreter und Spiegel dieser Unzulänglichkeiten für uns alle. Nicht schuldig! Dennoch liegt In der schrittweisen Überwindung der "Defizite und Gebrechen" durch den Einzelnen dessen persönlicher Weg in die Makellosigkeit und zugleich eine Heilung seines gesamten Umfeldes verborgen. Ich weiß aus eigener Erfahrung, dass dies nicht immer einfach ist. Aber wer, wenn nicht wir selbst, ist verantwortlich für das Gelingen unseres Lebens? Und zwar selbst gegen alle Widrigkeiten! Die Verantwortung für seine Gefühle und letztlich sein eigenes Geschick trägt - spätestens mit Eintritt ins eigene Kriegertum (oder ab dem 28ten Lebensjahr) - jeder selbst! Natürlich kann ich mir Hilfe suchen, wenn ich sie benötige. Ich sollte dies sogar tun, denn diese Suche ist bereits der erste Schritt in die 100%ige Selbstverantwortung. Ein asiatisches Sprichwort sagt sinngemäß: *„Der Weise such sich Unterstützung, wenn er alleine nicht weiter kommt!"* Unterstützung aber kann immer nur Hilfe zur Selbsthilfe sein. Ein Therapeut, der seine Klienten auch nach Jahren noch in der gleichen Sache behandelt, sollte die Dinge grundsätzlich überdenken. Und auch der Klient, welcher sich langfristig in die Abhängigkeit anderer begibt, zieht bewusst die eigenen Unmündigkeit der Freiheit vor! Er trägt Mitverantwortung! Jederzeit kann er sich anders entscheiden! Er hat diese Kraft, diesen Willen! Der Weg der Heilung ist ein Weg der Ermächtigung hin zu eigener Stärke und Bestimmung des eigenen Schicksals. Niemand wird lebenslang zum Opfer geboren! Niemand wird lebenslang zum Opfer gemacht! Außer wir selbst tun dies mit uns!

Zu JJ, der Authentizität in allen Lebensbereichen: Nur wer authentisch in all seinen maßgeblichen Lebensbereichen lebt, darin anerkannt wird und sich authentisch ausdrückt und verhält, kann langfristig gesund bleiben. Vorübergehende kleine Zugeständnisse oder Kompromisse können Teil einer entsprechenden Strategie sein, aber niemals das Endziel.

Es gibt drei grundsätzliche Möglichkeiten zur Erlangung von Authentizität:
a) die eigene Sichtweise und damit sich selbst ändern
b) Sachverhalte als unvermeidlich akzeptieren, ohne jedoch darunter zu leiden
c) seine unliebsame Lebenssituation selbstständig und radikal ändern

Entscheide selbst, welcher hiervon und unter welchen Umständen für dich der beste ist.

Zusammenfassend lässt sich sagen, dass der neunfache Weg der Heilung immer auf persönliche Eigenverantwortung und Makellosigkeit abzielt. Der Weg der Heilung ist zugleich ein Weg der Bewusstwerdung, Selbstermächtigung und der Freiheit! Möglicherweise ließe sich auch von neun druidischen Heilverfahren sprechen.

Persönlich begreife ich den neunfachen Weg der Heilung als meinen Beitrag zur traditionellen europäischen Medizin (TEM), als deren Basis oftmals noch immer die Phythotherapie (Pflanzenheilkunde) verstanden wird. Wahre Gesundheit beginnt allerdings bereits viel früher in unserem spirituellen Körper. Von dort aus fressen sich die Krankheiten ("*Eindringlinge*") erst langsam über die Gedanken und Gefühle in den physischen Leib hinein.

Weitere Gedanken eines Heilers

Als Heiler, insbesondere auch als schamanischer oder druidischer Heiler, sollte man Wert darauf legen, nur jene Dinge neu zu diagnostizieren, die man auch selbst wieder in der Lage zu heilen ist. Alles andere gliche dem Setzen von krankmachenden Nocebos.

Bereits existierende oder diagnostizierte Krankheiten, mit denen man an uns als Heiler herantritt, können je nach Intuition, Heilkraft und Erfahrung behandelt werden. In diesem Fall rechnet man nicht für die Heilung selbst, sondern für den geleisteten Arbeitsaufwand ab, sollte man nicht ohnehin gänzlich auf Spendenbasis arbeiten. Oder aber man lehnt die Behandlung ab, wobei man zugleich auf jemanden verweist, der diese aller Wahrscheinlichkeit nach zu heilen in der Lage ist. Man gibt dem Heilung Suchenden also immer eine Hilfestellung. Seine Hoffnung auf Genesung darf niemals enttäuscht werden. Andererseits sollte aber nie ein Heilversprechen gemacht werden. Überhaupt heilen weder der Heiler noch seine Medizin, sondern jene höhere Instanz, die im Klienten selbst begründet liegt. Diese gilt es gezielt anzusprechen und zu aktivieren!

Grundsätzlich geht man optimistisch an die Sache heran, getragen von der Grundüberzeugung, dass es nichts gibt, was nicht auch wieder geheilt werden könnte. *("Gegen alles ist ein Kraut gewachsen!")*

Das Alter an sich ist keine Krankheit und auch der Tod ist es nicht! Wir können dem Tod bei voller Gesundheit gegenübertreten! Das Alter bringt unter Umständen natürlich einen gewissen Verschleiß mit sich - nichts jedoch, wie immer es auch gelagert sein mag, was nicht neutralisiert und in gewisser Weise auch wieder rückläufig gemacht werden könnte.

Heilung erfolgt sprichwörtlich mit Herz, Hirn und Hand: Ist das Herz des Klienten intakt, bleibt auch dessen Seele heil, unser größter Schutzschild! Darüber hinaus gehen meines Erachtens 95% jeglicher Heilung vom Gehirn des Klienten aus. Gelangt dieser zur Überzeugung: *"Es wurde bereits geheilt!"*, wird keine Spur von Krankheit, nicht einmal die geringste Narbe, zurückbleiben! Die Heilung durch die Hand (Extraktion, Chirurgie etc.) nimmt dabei noch das allergeringste Gewicht ein.

Wie auch immer gebe ich als Heiler demütig meinen eigenen Willen, den anderen zu heilen, auf. Mit *Fools Crows* Worten gesprochen bin ich nichts als ein "hohler Knochen" und übergebe während meiner Behandlung alle Heilung an eine höhere Instanz, welche darüber bestimmen mag, ob diese tatsächlich stattfinden darf oder eben nicht. Das einzige, was wir tun können, ist es, den Klienten in den Vorstellung seines eigenen Heilseins zu bestärken. Hierzu kreieren wir ein entsprechendes Ritual ("Sitzung"), die sein Alltagsbewusstsein ablenkt und somit den Gedanken der Heilung unwiderruflich in ihm eindringen lässt. Uns selbst allerdings nehmen wir im magischen Zustand voller Demut zurück.

ZWISCHENBUCH

Wenn es ein Vorbuch der Information gibt, so darf es auch ein Zwischenbuch der Transformation geben. Hierin befinden wir uns.

Modell der vier Ränge

Natürlich gibt es die verschiedensten Möglichkeiten positiven Engagements und der Weiterentwicklung in der Gesellschaft (Umweltschutz, Friedensbewegung etc. pp). Wir nennen dies das Regenbogenspektrum. Das hierbei von DRACO INTEGRAL favorisierte Weltbild ist jenes des persönlichen Aufstiegs in den vier personalen Rängen, welche auf unsere („präpersonalen") Entwicklungsstufen als:

a) Wilder/Kind ("Recht des Stärkeren") beziehungsweise
b) Geldsklave/Bürger (= "gezähmter, fremdbestimmter Mensch") folgen.

Die vier personalen Ränge sind, wie bereits angesprochen:

1. der freie Krieger;
2. der freie Barde;
3. der freie Schamane und
4. der freie Druide!

Alle Ränge werden selbstverständlich immer auch in ihrer weiblichen Form mitgedacht. Die vier personalen Ränge sind heutzutage aktueller denn je!

Bereits bei den Kelten wurde das Vorliegen dieser natürlichen, menschlichen Ränge u.a. von *Cäsar, Diodor* oder *Strabo* überliefert. Man findet sie in praktisch allen indoeuropäischen Völkern, von den Germanen bis ins indische Kastenwesen. Auch in anderen Kulturräumen, indianischen Stämmen, schwarzafrikanischen Völkern oder ostasiatischen Gemeinschaften findet man Vergleichbares. Wir gehen deshalb von einer allgemein-menschlichen Erscheinung aus. Die vier personalen *Ränge* sind in erster Linie eine Frage des Bewusstseins.

Grundsätzlich lässt sich zudem sagen, dass es in anderen Kulturräumen nichts gibt, was sich nicht auch in unseren eigenen eurasischen Wurzeln finden ließe - und umgekehrt!

Die vier den Rängen zugrunde liegenden Archetypen sind die des spirituellen Kämpfers (Krieger), innovativen Künstlers (Barden), ganzheitlichen Heilers (Schamanen) und weisen Beraters (Druiden).

Natürlich dreht sich die Welt ununterbrochen und entwickelt sich menschliches und globales Bewusstsein weiter. Deshalb sind die vier auf den *Bürger* folgenden personalen Ränge immer gemäß dieser Veränderungen - in einer an die heutige Zeit angepassten Form - zu interpretieren. Sozusagen "*upzudaten*". Mit anderen Worten: Die früheren Krieger, Barden, Schamanen und Druiden hatte andere Herausforderungen zu meistern, als der heutige Eurasier. Andererseits bin ich der festen Überzeugung, dass die Neandertaler, Cromagnon-Menschen, Bandkeramiker, Kelten, Germanen und andere europäische Ur-Völker niemals ausstarben, sondern noch heute in uns fortbestehen. Das Gleiche gilt für den gesamten eurasischen Kulturkreis. Wir selbst sind es, sind "in-di-gen", haben Naturspiritualität in den Genen! Es bedarf daher keines nostalgischen Festklammerns an der Vergangenheit, sondern einer kreativen Weiterentwicklung der Ränge in Gegenwart und Zukunft. Der keltisch-europäisch-eurasische Geist ist immer assimilierend, nicht ausschließend! Hierfür steht die von mir ins Leben gerufene DRACO-Stiftung auf dem Weg zu einer geistigen Institution und mehr noch Inspiration auch für kommende Generationen.

Wir glauben, dass heutzutage gelebtes Krieger-, Barden, Schamanen- und Druidentum die vielleicht einzige Möglichkeit sind, einer aus den Fugen geratenen Welt Frieden, Kreativität, Heilung und Weisheit zu bringen! In dir persönlich zielt diese Entwicklung auf SELBST-Erkenntnis und damit einhergehendes SELBST-Bewusstsein!

Gehst du auf dem *Weg des wahren Menschen* durch den hier aufgezeigten Prozess persönlicher Transformation, dann tust du nicht nur etwas Positives für dich, sondern zugleich für die gesamte Welt! Es gibt keine Entschuldigungen, dies nicht zu tun !!!!

Die Akzeptanz von menschlicher Entwicklung begründet keine wertende Hierarchie, denn alle Menschen sind gleich bedeutsam! Dennoch gibt es die „Ränge" genannten universellen Entwicklungs- und Bewusstseinsstufen auf dem naturspirituellen, druidischen und/oder universellen Weg. Anders ausgedrückt: Das von dir erlangte Bewusstsein („Rang") steigert zwar deine Verantwortung, erhebt dich aber nicht über andere! Im Gegensatz zu anderen Kulturen arbeitet die von uns wiederbelebte eurasische Naturspiritualität mit sehr flachen – lediglich auf natürlicher Dominanz beruhenden - Hierarchien. Der gemeinsame Kreis ist uns wichtiger als die formelle Führerschaft.

Eine Voraussetzung zum Erreichen des jeweiligen Ranges ist - im Normalfall - ein Durchlaufen aller zuvorigen Entwicklungsstufen! Leicht kann eine übersprungene Stufe zum Verhängnis werden. Auch hiervon sprachen wir bereits. Du bist auf diesem naturspirituellen Weg der eigenen SELBST-Erkenntnis von ganzem Herzen eingeladen! Wer sich selbst erkannt hat, kennt auch alle anderen! Wer sich liebt, liebt auch mich!

Die simple Trick der Transformation von Bewusstseinsstufe zu Bewusstseinsstufe ist das menschliche Erwachen. Wir erwachen aus dem Traum unserer präpersonalen Unbewusstheit (Krieger/Bürger) in die personalen und transpersonalen Bewusstseins- zustände. *Zeremonien*, *Rituale* und *Weihen* sind hierbei ein wichtiges Mittel zur Erweckung, doch wirkt selbst diese Medizin nicht bei allen. So sehr eine Weihe auch äußerlich erarbeitet und von anderen ausgesprochen werden mag, so entsteigt die wahrhafte Berufung doch aus dem eigenen Inneren. Der Prozess des schrittweisen Erwachens von Stumpf- zu Bürgersinn und von diesem über die Spiritualität in immer neue Erkenntnisbereiche ist durch nichts aufzuhalten! Das Erwachen führt von der Dunkelheit ins Licht. Ein einziger Sonnenstrahl reicht um den Schatten so aufzulösen, als habe dieser nie bestanden!i Wir können Menschen auf diesem Weg führen, wir können sie inspirieren und initiieren, aber niemals inkubieren. Die *Inkubation* (oder *Impfung*) geschieht von selbst, sobald der betreffende Mensch aus sich heraus die entsprechende Reife erlangt hat. Dann wird auch die ihn umhüllende Natur entsprechend reagieren und ihre Zeichen senden (Resonanzgesetz). Man kann diese Entwicklung mit entsprechenden Maßnahmen zwar verlangsamen oder beschleunigen, niemals jedoch verhindern. Früher oder später geschieht sie von ganz alleine. Der jeweilige in uns erwachende *Inkubus* ist jedoch kein Teufel oder nächtlicher Dämon, als welchen man ihn fürchtet, sondern eine simple Berührung mit dem Geist Urions, der Einheit oder Ebene der allumfassenden Bewusstheit. Er ist ein *spirit Spirits*. Dieser Atemzug des eigenen Freiseins ist es, der uns die Kraft für unseren nächsten Entwicklungsschritt schenkt!

Fazit: Die Herausarbeitung der personalen Ränge sowie deren Erlebbarmachung und Einforderung für die heutige Zeit erachte ich nach wie vor als den Kern meines naturspirituellen Vermächtnisses!

Über Berufe, Konkurrenz und persönliche Grenzübertritte

Früher gab es in den präpersonalen, bürgerlichen Rängen insbesondere Handwerker (Osten), Händler (Süden), Bauern (Westen) und Mönche (Norden). Dies sind gute Berufe! Heute rekrutiert sich das Bürgertum vermehrt über Angestellte, Soldaten und Bedienstete („Beamten"). Über die *Qualität* dieser Berufe möchte ich hier kein Urteil abgeben.

Wenn wir wollen, können wir den auf das Präpersonale folgenden *Krieger* in den Osten des Lebensrades stellen, den *Barden* in den Süden, *Schamanen* in den Westen und *Druiden* in den Norden. Der *Krieger* ist bereits Philosoph (Osten), der *Barde* wird zum tätigen Forscher (Süden), der *Schamane* ist Therapeut (Westen) und der *Druide* des Nordens zugleich Lehrer und Schüler.

Während es als werdender Mann und Krieger durchaus natürlich ist, sich mit anderen zu vergleichen, zu messen und in Wettstreit zu treten, ergibt ein derartiges Dominanzverhalten bereits auf der Bewusstseinsstufe des Barden oder der Bardin keinen Sinn mehr! Spätestens als schamanisch tätiger Mensch tritt die *Liebe zu allem was ist* in den Vordergrund unseres Schaffens. Konkurrenz hat auf dieser Bewusstseinsstufe nichts mehr verloren! Es geht einzig und allein um Solidarität, Unterstützung und Kooperation auf dem Weg hin zu einer besseren Welt für uns und alle. Eurasische Naturspiritualität spricht sich immer für Heilung, Entwicklung und Vielfalt aus!

Eine nicht zu unterschätzende Problematik all jener, die sich zu diesen ethischen Kriterien bekennen, ist, dass, sobald sie einen gewissen Bekanntheitsgrad erreicht haben, andere Menschen in ihnen eine Art Heilsbringer zu erblicken scheinen, der sich doch nun bitte für ihre eigenen Befindlichkeiten und Probleme aufzuopfern habe, wolle er denn seinem moralischen Impetus gerecht werden und nicht ein Weiterer in der Reihe der geldbesessenen Scharlatane sein.

Mit Verlaub, hier wird zweierlei vergessen: Zum einen ist es durchaus statthaft für seine Dienste einen gewissen Betrag zu fordern, der die eigene Lebensführung gewährleistet, denn solange Geld noch das allgemein anerkannte Zahlungsmittel ist, sollte jeder Lehrer auch über solches in einem angebrachten Maße verfügen.

Zum anderen sind in erster Linie die Eigenverantwortung, die eigene Wahrhaftigkeit und Liebe zu allem Sein gefragt! Bitte schaut deshalb immer zuerst bei euch selbst. Ich bin niemand, der euch erretten kann oder den passgenauen Schlüssel zur Lösung eurer verdeckten Misere hätte. Das einzige, was ich tun kann, ist es, euch dabei zu helfen, das Versteck eurer eigenen Schlüssel zu finden, welche die eurasische Naturspiritualität in Fülle bereit hält. So viel immerhin darf ich versprechen.

Eure eigene Persönlichkeitsentwicklung kann über die Draco-Veden, in Coachings oder Seminaren geschehen, muss aber zuvorderst von euch selbst gewollt und getragen werden.

Es sind zumeist jene Menschen, die dich zunächst bedingungslos vergöttern, die sich sodann enttäuscht von dir abwenden. Bitte glaubt mir daher: Ich will eure Vergötterung nicht! Ich bin und bleibe ein einfacher Mann aus dem deutschen Volk mit seiner Familie, seinem Hof und seinen Privatinteressen, Stärken und Schwächen. Sucht daher bitte alles, was ihr an Großem und auch Niederen in mir zu entdecken glaubt, zunächst in euch selbst, bevor ihr es auf mich projiziert!

Gerne spreche, schreibe, telefoniere ich mit dir, doch wisse, dass ich hierfür keine unbegrenzte Zeit besitze!

Gerne bieten wir die Freundeshand dem Freunde, doch glaubt bitte niemals, dass ihr hier jederzeit willkommen seid! Eine derartige Einstellung würde unser Privat- und Familienleben deutlich überfordern.

Es gibt Rituale, es gibt Kurse, es gibt Feste, es gibt Gelegenheiten für alles! Melde dich daher an und sei willkommen! Respektiere zugleich jederzeit das meine, so wie ich dich, deine Lebensumstände und dein Leben jederzeit respektiere.

Verlege dich aufs Geben, nicht auf Nehmen, dann wird alles gut! Setze vor allen Dingen niemals etwas voraus, sondern kümmere dich jederzeit selbst um deine Belange! Nimm bitte nichts aber auch gar nichts für selbstverständlich! Verlange keine kleinen Dienste oder Geschenke, die man dir nicht von sich aus anbietet!

Auch wenn ich dich gelegentlich sehr nah an mich, mein Herz und das Meine heranlassen mag – weit über die normalen Konventionen hinaus -, heißt das nicht, dass du für immer darin Wohnrecht hättest! Dies ist die andere Seite von Druidentum! Sei gewarnt: Druidentum und die eurasische Naturspiritualität hätten die Jahrtausende nicht überstanden, wenn sie nicht auch diese strenge, abweisende Seite hätten.

Solidarität bedeutet nicht, sich ausnutzen zu lassen, sondern zu geben, wenn man selbst es für richtig erachtet.

Bedingungslose Liebe bedeutet nicht, dass man alles mit sich machen lässt, sondern ist und bleibt an real begrenzte Gegebenheiten und Möglichkeiten geknüpft.

Ich liebe die Ordnung meines Hofs, nicht die Ratte! In meinem Beet brauche ich keinen Maulwurf. Ich liebe die Vertraulichkeit meiner Familie, wenn die Gäste wieder gingen. Ich liebe die freie Zeit für mich, denn sonst wäre ich nicht ich. Auf der weltlichen Ebene bin ich mir selbst der nächste und erhoffe mir das gleiche auch von dir, denn nur so können wir beide Mehrwert für unsere Gemeinschaft erzeugen. Eine solche nämlich wird nur funktionieren, wenn jeder zuallererst für sich selbst sorgt, für sich und seine Familie und sodann erst an die anderen denkt. Auch wer Gemeinschaft benötigt, um endlich selbst gesehen zu werden, ist fehl am Platz! Betrachte dich daher allmorgendlich im eigenen Spiegel!

Über den lichten und den grauen Strang

Seit der Herrschaft der Zetas[12] und Chitauli[13] über diese Welt befinden sich der lichte und der graue Strang in ewigem Widerstreit. Der lichte Strang ist der Strang menschlicher Entwicklung gemäß dem GPDE[14]. Der graue Strang hingegen ist ein Strang der Gier und Macht, welcher noch bis vor Kurzen von JHWH persönlich angeführt wurde. Seit 2012 ist dieser Strang allerdings kopflos und dadurch gefährlich aus dem Takt geraten. Die Rothschilds, einstmals die obersten menschlichen Diener der verborgenen Priesterschaft des grauen Strangs, sind schon bald nur noch ein Schatten der Geschichte. Die Welt ist an ihren Wendepunkt geraten und hat ihn energetisch bereits durchschritten.

Die Stufen des lichten Stranges sind:
- Entwicklung des physischen Körpers
- Entwicklung des Emotionalkörpers
- Entwicklung des Mentalkörpers
- Entwicklung des ionischen Körpers
- personale Ränge nach dem Bürgertum als Krieger,
      Barde, Schamane und Druide

---

[12] Eine intelligente, außerirdische Rasse, auch "Graue" oder „Archonten" genannt, welche sich über Jahrtausende hinweg von unseren Emotionen, der Angst, dem Hass, der Rache, dem Neid, aber auch der Liebe nährten. Erst im Jahre 2012 gelang es in einer gemeinsam mit hohen Geistwesen unter Vermittlung der 33_3 angelegten konzertierten spirituellen Aktion, sie wieder von der Erde zu vertreiben. Seitdem ist das von ihnen inszenierte System unter Kontrolle der Bestimmerfamilien "kopflos". Eine weitere Existenz von Zetas auf Erden ist nichts als bloße Fiktion!

[13] Auch Anunnaki genannt

[14] Göttlicher Plan der Entwicklung

- postpersonale Ränge der Weißen Bruderschaft als
  aufgestiegener Meister, Bodhisattva,
  Gottesprophet und Avatar
- kosmische Ränge als Mond, Planet, Sonne,
  Zentralsonne und Galaxie
- Alleinheit (Werden zum Allgeist)

Die Stufen des grauen Ranges sind:
- die fünf Säulen des Systems (Bürokratur, Basar,
  Monoturm, Verdummung und Verkrankung)
- die Staatsregierungen
- die Kontinentalblöcke (Nafta, Mercosur, EU...)
- der ständige Weltsicherheitsrat (die fünf Siegermächte)
- die multinationalen Firmen
- die Weltbank und das Zinssystem
- die zehn Bestimmerfamilien
- die kopflosen Rothschilds an deren Spitze
- der ultimative Chip und die Auslöschung aller
  menschlichen Existenz.

Im Übrigen sollte niemand glauben, dass die Herren an
den Hebeln des privaten Zinssystems und somit der
Macht ein Interesse daran hätten, sich diesen ultimativen
Chip selbst einzusetzen. Nein, durch ihn gedenken sie
sich "lediglich" zum absoluten Herrscher über alles
Menschliche zu krönen - bis hin zur Überwindung des
Menschseins im Sinne des grauen Strangs: Der Mensch
als Arbeitsmaschine!

Einen schwarzen Strang des Bösen (im Sinne eines
Gegenspielers des Gottwesens) gibt es übrigens nicht.
Dieser Strang ist lediglich eine Erfindung der Grauen, um

ihre Schafe auf der Weide zu halten. Die von Lilith und Satan aus der siebten Unterwelt geführte Dämonenschar sind in Wirklichkeit Vorkämpfer menschlicher Befreiung!

Seien wie ehrlich und direkt: Es tobt ein Kampf um Leben und Tod zwischen dem lichten und dem grauen Strang. Zwischen Erhalt und Zerstörung unserer Erde! Nicht zwischen Gott und Teufel! Zwischen dem Licht menschlicher Entwicklung und dem Schatten totalitärer Überwachung tobt der Kampf! Und es wurde mir berichtet, dass sich diese Auseinandersetzung mittlerweile selbst bis nach Thule[15] und die Gefilde unser aller Ahnen ausgebreitet hat. Der *spirit*-Norden befindet sich in höchster Unruhe. Alte, selbst über die Zeiten von Atlantis hinausgehende Rivalitäten, brachen aus. Im materiellen Süden, dem Reich des Glanzes und der weltlichen Macht hatte Babylon[16] längst den Sieg davongetragen. Und doch überspannte das globale Reich die Riemen! (Mit dem Ergebnis, dass sie schon bald reißen werden!) Im Osten wähnt sich das Imperium noch immer als Herrscher des Geistes, doch auch diese Ruhe ist trügerisch. Das Problem der Bestimmer und der sie umtänzelnden/umschwänzelnden oberen 10.000 oder 100.000 Schattenmänner ist nicht, dass sie keine Weiterentwicklung erfahren hätten. Ganz im Gegenteil wähnen sie sich als intelligenter und dem Rest der Menschheit überlegen. Nicht ganz zu unrecht, denn sie genossen vielerlei Schulung. Das Problem ist nur, dass diese Weiterbildung ohne Herz geschah.

---

[15] Toteninsel im hohen Norden
[16] Babylon, das einst von den Grauen konzipierte und von den zehn Bestimmerfamilien errichtete globale Reich.

Im Angesicht des lebensverachtenden Erfolgs der Bestimmer gefror ihr viertes Kraftzentrum[17] zu grauem Stein. Die Schattenmänner sind *Krieger des Mammon, Barden der Globalisierung,* deren Neonreklamen sie uns als "Licht" verkaufen. Die Bestimmer sind *Schamanen der Apokalypse* und *Druiden des Untergangs!*

Deshalb lassen sich die Schattenmänner und Herrscherfamilien auch von einem naturspirituellen Druiden wie mir nichts sagen: Sie fühlen sich mir *tausendfach* überlegen. Um so viel mehr, wie sie mehr Geld schröpfen als ich es mit meiner einfachen Arbeit verdiene. Die Abholzung der Wälder war noch allemal lukrativer als deren Wiederaufforstung! Sie sehen in mir und auch in dir einfach nur einen *smarten Looser!* Sie kennen unsere Schwachstellen! Untertanen haben wir zu sein und zu gehorchen, kein Souverän! Sie ignorieren unsere Liebe, unfähig sie zu verstehen. Ihre Herzen sind kalt, grau und voller Schatten. Die Elementale, welche sie dereinst schufen, arbeiten gewissenlos für ihre Zwecke. Für wessen Zwecke? Die apokalyptischen Reiter haben ihre eigenen!

Die Pendel dieser Welt haben indessen nur scheinbar zu Gunsten der Bestimmer ausgeschlagen. Zwar spielerisch erzwangen sie mit ihren babylonischen Vasallen den Sieg über alle sichtbaren Bereiche unserer Existenz, doch um welchen Preis? Selbst jetzt noch, da die Zetas wichen, mimen die Bestimmer Überlegenheit. Doch es ist 5 vor 12! Das Unsichtbare schlägt zurück! Von Neuem erwacht das wahre Leben auf unserem Planeten! Die

---

[17] das Herzchakra

Nivelierungskräfte schlafen nicht! Natur und Leben lassen sich nicht von außen beherrschen! Es sind die von ihnen verdrängten Schatten, die die selbsternannten Herrscher unserer Erde verstärkt und unerbittlich heimsuchen werden: Der Sturm der Gewissensdämonen!

Auch unsere Macht und die Kraft jener Schamanen, die sich auf dem Weg des *wahren Menschen* befinden, ist stündlich im Steigen begriffen. Manchmal denke ich, es ist schade, dass wir diese Macht nicht nützen dürfen, um die verborgenen Bestimmer samt ihrer Kohorten mit Krankheit, Hohn und Verachtung zu schlagen. Nein, wir dürfen es nicht! Nicht zuletzt deshalb wähnten sich die Babylonier unschlagbar! Es erfolgen keine nennenswerten Angriffe von unserer friedliebenden Seite. Obwohl schon viele mobilisiert wurden, gibt es noch immer keine ausreichende Gegenwehr! Ich könnte jedem Einzelnen der Bestimmer schrecklichste Seuchen an den Hals hexen und tue es doch nicht, weil ich sie nach wie vor als Menschen begreife. Ich wünsche dieses *Karma* nicht. Ansonsten würde ich mich auf ihr eigenes, seelisch tiefes Niveau herablassen und zugleich meine eigene Macht verlieren! Es muss auch anders gehen! Schamanisches Partisanentum mag notwendig werden, hat aber jederzeit die grundlegenden Lebensgesetze zu beachten: Keine Gewalt! Anders als die Beherrscher Babylons kennen wir kein menschlich differenzierendes, wertendes Zwei-, Drei- oder gar Vierklassensystem. Wir sitzen alle im gleichen Boot! Niemand ist *wertvoller* oder *besser* als der jeweils andere. Der Bestimmer ist mein Bruder, und ich meine dies so wörtlich, wie es hier steht. Tatsächlich geht die Trennung durch meine eigene Familie. Nicht, dass mein leiblicher Bruder zu den dominanten Familien gehören würde. Nein, aus ihrer Sicht ist er nach wie vor ein einfacher, wenn auch nützlicher Emporkömmling, der am Kuchen der Macht schnuppern durfte: Eine Marionette. Man reicht ihm rosaroten Zucker, solange er funktioniert! Wenn er fällt, so fällt er, anders als die Mitglieder der „noblen Familien" nach wie vor auf harten Boden. Es fehlt ihm der Stallgeruch. Sein Blut ist herkömmlicher Art. Es ist noch immer rot, nicht blau, nicht grau. Und doch ist er einer der 100 einflussreichsten, sollte man sagen mächtigsten Investmentbanker weltweit. Er glaubt an dieses System und wir, der Rest der Familie, sollten stolz auf ihn sein!? Wie weit er es doch – aus ehrlicher Familie stammend - geschafft hat! Doch wem nutzt er wirklich? Wem gehört seine Loyalität? Habe ich etwas von seinem Geld gesehen? Nein! Würde ich anders sprechen, die Herkunft dieses Geldes nicht hinterfragen, wäre auch nur ein Bruchteil davon auf mein eigenes Konto geflossen? Möglicherweise ja! Mein Bruder wird hier zum Spiegel meiner eigenen Schatten! Der Schattenmann wird zum Schattenspiegler und der freigeistige Philosoph und Menschenfreund, als den ich mich hier darstelle, beleuchtet ehrlich die eigene Verführbarkeit! Ein schönes Anwesen im Süden, was könnte daran so schlecht sein? Die Wahrheit ist: Ich bin nicht besser als du, mein Bruder, wer immer du auch sein magst!

Andererseits: Wäre mein Bruder Elektriker geworden, hätte er mir sicherlich das eine oder andere Mal im Haus geholfen. Aber so? War er also für die Familie da, als sie ihn brauchte oder lebt er vielmehr im Streit mit unserem

Vater? Wer wird für ihn dasein, sollte er eines Tages fallen? Warum nur, Bruder, trägst du so viel Angst in dir? Weil du tief in dir spürst, dass kein einziger deiner jetzigen Arbeitskollegen, Geschäftspartner und Freunde für dich da sein würde, sobald du sie wirklich benötigst? Das würdest du nie zugegeben, ich weiß. So wie auch du vermutlich nicht für sie einstehen würdest? Womit auch? Mit Geld? *Wer kein Geld hat, ist doch immerhin selbst daran schuld!* Er hat es vermutlich einfach nicht besser verdient. Würde er nur härter arbeiten... Arbeitest du nicht selbst hart? Bist du nicht immer so beschäftigt? Keine Zeit, dich zu kümmern. Sollen dies doch andere tun! Du gönnst Frau und Kind ein gutes Leben. Darüber hinaus dem Kind eine gute Bildung in jeglicher Hinsicht. Arbeitest du deshalb so viel, wo es doch schon längst genug sein könnte und für alle reichen würde? Wann, mein Bruder, hast du das letzte Mal dem Klang deines eigenen Herzens gelauscht? Welche Zukunft wünschst du Frau und Kind hinter aller Fassade? Woher kommt deine ständige Allergie und Not? Siehst du nicht, wem du wirklich dienst? Nicht dir, nicht mir, nicht deiner Familie. Wem aber dann? Bist du wirklich zu blind zu erkennen, dass all dein Schaffen - getreu dem System der Bestimmer - unausweichlich unseren gemeinsamen Untergang vorantreibt? Dein *Wirtschaftswachstum* bereichert deinen Geldbeutel. Er ist nicht zum Wohle aller. Ungenommen: Schöne Reisen! Schöne Häuser! Schöne Frau! Zugegeben auch mit ein wenig Neid meinerseits. Nicht dass ich dir dies nicht gönnen würde, auch ich habe eine schöne Frau, ein Haus und konnte mir kürzlich wieder einen Urlaub in Portugal gönnen. Doch auf wessen Kosten lebst du? Leben wir? Ein weiteres Mal stöhnt die Erde unter all der Last und Schuld, die wir auf ihr errichten. Bruder, du sagst, du hieltest dich an alle Gesetze. Weißt du nicht, dass Gesetze lediglich dazu dienen, Leute wie dich zu schützen? Dein Reichtum wurde und wird mit Blut erkauft. Natürlich bist du taub. Dein Gewissen würde die Schreie auch nicht ertragen. Die Macht der Bestimmer und ihrer Schattenmänner ist groß. Einer dieser Schattenmänner bist du, mein leiblicher Bruder und auch die anderen sind meine jüngeren Geschwister. Und je mehr ihr euch uns, der überwältigenden Mehrheit aller Menschen, überlegen fühlt, je mehr ihr von eurem eigenen Alphadasein überzeugt seid, desto tiefer, tiefer, tiefer werdet ihr fallen! Sobald der Tag gekommen ist! Und dieser Tag wird kommen! Nein, er kommt nicht nur, sondern steht unmittelbar bevor! Begreife dies als freundliche Warnung meiner Liebe. Unsere Ahnen stehen hinter mir und bezeugen die Wahrheit meiner Worte! Vater Sonne, Großmutter Mond und Mutter Erde sind auf unserer Seite! Ich bin harmlos, krümme kein Haar, obwohl ich es manchmal gerne würde, dafür aber werden die von euch geschaffenen globalen Monster ganze Arbeit verrichten: Euch physisch ergreifen, emotional überwältigen, seelisch foltern und notfalls bis in den Tartaros zerren! Die vierte Unterwelt, der Tartaros, ist euer angestammter Platz, wenn ihr nicht endlich die Ohren eurer Herzen öffnet. Ohne eure Mithilfe wird die globale Transformation nicht friedlich verlaufen. Noch mehr Unschuldige werden ums Leben kommen, wenn ihr eure Gier nicht endlich zügelt und euch den eigenen Ängsten und Schatten stellt. Die globale - ja kosmische - Transformation hat längst begonnen. Sie ist durch nichts mehr aufzuhalten. In eurem Kopf sind Logarithmen, doch in eurem Herzen ist Leere, und eure Seele schrumpft noch immer unaufhörlich. Wo ist sie überhaupt? Die graue Seele des von euch geschaffenen Systems hat diesen Planeten längst verlassen. Die Zetas sind geflohen. Da ist niemand, der euch schützen wird, wenn ihr selbst nicht endlich die Kraft eures fünften Chakras aktiviert und offenen Herzens anerkennt, welchen Alptraum ihr bereits geschaffen habt. Beabsichtigt ihr wirklich noch immer, dieses Inferno von Armut, Verschmutzung und Gewalt zu seiner Vollendung, dem Untergang alles Menschlichen, weiter zu träumen? Alle Achtung für diese Courage! Wisset, ihr seid junge Geschwister, keine Alphas. Eure Statuten sind nichts als Maskerade! In Wirklichkeit seid ihr so ohnmächtig und hilflos, dass die Erde bereits über alle Maßen zu stinken begonnen hat! Ihr wollt Führer sein? Ein guter Versuch, doch seht ihr nicht, dass ihr längst gescheitert seid? Es fällt mir schwer, eure Arroganz und gleichzeitige Ignoranz zu akzeptieren. Es fällt mir schwer, angesichts eures Versagens auf ganzer Linie (Politik, soziale Gerechtigkeit, Finanzen, Wirtschaft, Klima, Menschenrechte, Weltfrieden etc.) ruhig zu bleiben. Und sage mir an dieser Stelle bitte nicht: Auch ich sei daran schuld! Ja, ich habe meine Verführbarkeiten! Ja, Teile meiner Lebensführung sind noch immer nicht nachhaltig, ökologisch! Und ich weiß auch, dass ich nicht besser bin, aber sprich du mir nicht von Schuld, denn ich stehe hier stellvertretend für jene 99% aller Menschen weltweit, die ihr wie Vieh behandelt und bis zum Erbluten auszusaugen und selbst abzuschlachten bereit seid!

Und bei aller Liebe: Das geht so nicht, sondern zu weit! Dieses *Karma* ist das eure! Wir sind eine Menschheit mit zwei Polen. Der graue ist der eure! Nicht unser Pol war es der diese Polarität wollte. Unser Fehler hingegen, dass wir es geschehen ließen! Manche von uns mögen es zum momentanen Zeitpunkt noch immer nicht verstehen, doch wir alle werden es begreifen: Mit dem Gesetz göttlicher Entwicklung wird selbst der letzte, gesetzestreue Geldsklave und Bürger noch zum freien Krieger und Druiden! Energetisch ist dies bereits geschehen! Und somit Gnade euch Gott! (Wenn ich auch alle um Milde euch gegenüber anflehe, so kann ich doch nicht für jeden von uns meine Finger ins Feuer legen!) Die Erkenntnis eures Versagens ist schon lange kein Geheimnis mehr! Die Erde rüttelt sich! Die Menschheit erwacht! Je länger eurer System noch andauert, desto fürchterlicher wird die Rache der Unterdrückten, Verführten, Versklavten... Die Elementarwesen werden zurückkehren: Salamander, Nixen, Gnome und Sylphen. Nicht die Götter des Chaos im fernen Andromedanebel, die Natur selbst wird euch richten und uns mit euch. Dem Allgeist sei Dank, es ist endlich vorbei!

TEST: Alphamann oder Schattenmann?

1. Was stellst du mit deinen Händen her?

Schattenmann: nichts!

2. Für wen außerhalb deiner bürgerlichen Kleinfamilie übernimmst du sonst noch Verantwortung?

Schattenmann: für niemanden!

3. Verfügst du über ein großes Einkommen?

Schattenmann: ja!

4. Wie würdest du den Nutzen deiner Arbeit für die Menschheit mit einigen wenigen Worten beschreiben?

Schattenmann: ??

5. Fühlst du dich anderen Menschen überlegen?

Schattenmann: ja!

6. Erfüllt dich deine Arbeit immer?

Schattenmann (lügt): ja, selbstverständlich, sonst würde ich sie ja nicht machen.

7. Arbeitest du im sozialen oder ökologischen Bereich?

Schattenmann: nein, aber unsere Firma erfüllt alle sozialen und ökologischen Standards!

BUCH DER KRIEGERINNEN UND KRIEGER

- als Krieger gelebt -

Der *wahre Alphamann* geht den Weg des Kriegers! Er stellt Dinge mit seinen Händen her und sorgt mit allem, was er hat, für sich, seine Familie und Freunde. Sein möglicherweise in diesem Stadium beschränktes Einkommen teilt er freizügig mit anderen. Auch die von ihm geleistete Arbeit dient einem höheren Zweck und kann daher vor dem Universum bestehen. Er fertigt an, repariert, erhält die Dinge oder entwickelt sie sinnvoll weiter. Sein Tun ist eine Dienstleistung für andere; kein Werk der Zerstörung! Seine Arbeit dient so einem realen Mehrwert. Der wahre Alphamann bleibt bescheiden und ist ehrlich mit sich, seinen Gefühlen sowie anderen. Niemals würde er sich für besser als irgendjemand sonst erachten. Ganz im Gegenteil weiß er um seine eigene Bedeutungslosigkeit im Angesicht der Gestirne, eine Bescheidenheit, die ihm Würde verleiht!

Definition Krieger/Kriegerin
Krieger im DRACO-Sinne ist, wer sein von ihm/ihr gewähltes Geschlecht anerkennt und würdig vertritt. Er/Sie hat seine wesentlichen Lebensbereiche in Ordnung gebracht oder ist zumindest dabei, dies diszipliniert zu tun. Ein Krieger übt sich in Eigenverantwortung. Er weiß von seiner Pflicht zur Selbstverteidigung und sorgt so für sich und andere. In seiner weiteren Entwicklung engagiert sich ein Krieger für positive Veränderungen in der Gesellschaft. Nach unserem Verständnis hat ein vollendeter Krieger zudem

die Weihen der vier Grundelemente erlangt, führt täglich sein ganz persönliches magisches Programm durch, übt sich in einer Kampfkunst und führt eine sogenannte Avatarliste, um seiner individuellen Gabe und Mission gerecht zu werden. Er stellt sich seinen eigenen Schatten. Zum Lernstoff eines Kriegers gehört über das schulische Wissen hinaus unter anderem:

- der fünfgliedrige Aufbau des menschlichen Körpers in
  physischer Körper; Emotionalkörper; Mentalkörper,
  spirit-Körper sowie universellen Körper
- die Erkenntnis der Beseelung aller Natur sowie
- eine Beschäftigung mit allen lebenden Elementen.

Die vorrangige Aufgabe des Kriegers ist es, Entscheidungen zu treffen und Lebenserfahrung zu sammeln!

Charakterisierung Krieger/Kriegerin
Die drei Stufen eines Kriegers sind der für sich Sorgende, der für andere Sorgende und der sich Einbringende.

Schwelle I "Beharrlichkeit"
Zum eigenen Standing als Krieger gehören:
a) die Anerkennung der eigenen Geschlechtlichkeit sowie
   sexueller Präferenzen;
b) die Initiation ins eigene Geschlecht (bis 21);
c) Name, Mythos und Bündel sowie
d) die doppelte Reise in die Weiblichkeit und Männlichkeit
e) Outdoortauglichkeit (Feuer, Knoten, Ausrüstung,
   Überleben, Orientierung etc.);

f) die Pflicht zur Eigenverantwortung und
        Selbstverteidigung;
g) das magische Programm;
h) die Avatarliste und das Avatarspiel

Die hier genannten Punkte gehören u.a. zu dem von uns an den Paracelsusschulen Deutschland ausgeführten Seminar "Schamanismus im Alltag - In die Kraft kommen!" Wir sprechen auch von einer notwendigen Erdung und Standfestigkeit.

Wie jeder Rang hat haben auch der Krieger oder die Kriegerin eine zweite Schwelle zu meistern, die sich hier „Mut" nennt.

Schwelle II "Mut"
Elementeweihen
        a) Luft
        b) Feuer
        c) Wasser
        d) Erde
        e) Pflanzen
        f) Tiere
        g) Menschen/Ahnen

Die zweite Schwelle entspricht dem Kraftzentrum unseres Bauchs, woher auch aller Mut stammt. Nach dem Ablegen der sieben Elementeweihen sprechen wir nunmehr von einem *vollendeten Krieger*.

BUCH DER BARDINNEN UND BARDEN

- als Barde erkannt -

Definition Barde/Bardin

Das Quellenstudium eines Barden reicht von Ásatrú, der Treue zu den Asen, bis zur Quantenphysik. Barde ist, wer den beseelten Aufbau des Universums studiert, so die universellen Lebensgesetze erkennt und ein eigenes Bild des großen Mysteriums entworfen hat. Diesem eifert er nach, wobei er - kreativ das Vorgefundene selbst gestaltend - tätig wird. Der vollendete Barde hat in mindestens einer Kunst - in welcher er seine Gefühle zum Ausdruck bringt - eine gewisse Meisterschaft erlangt.

Charakterisierung Barde/Bardin

Die drei Stufen eines Barden sind der Weisheit Erlangende, der Form Verändernde und der aus Gefühlen Kunst Schaffende.

Schwelle III "Studium"

- Studium der 13 Quellen
- allgemeine Schicksals- oder Lebensgesetze

Wir müssen lernen, mit unserem Sonnengeflecht Dinge inwendig zu begreifen. Hierzu gehört auch ein entsprechendes Studium alter und neuer Quellen.

Schwelle IV "Kreativität"

Auf Schwelle IV der Charakterbildung, welche dem Herzzentrum entspricht, erfolgt der eigene kreative Ausdrucks in mindestens einem Medium und dessen Nachweis in Schauspiel, Musik, Malerei, Literatur oder einer anderen Kunst vor einer größeren Gruppe. Nur wer über mindestens eine solche Kunst verfügt, ist bereit für den weiterführenden Weg als Schamanin oder Schamane.

Neben der auf der folgenden Seite im <<Arbeitsblatt Quellenstudium>> folgenden Literaturliste möchte ich als Empfehlung zur Erkenntnis der *allgemeinen Schicksalsgesetze* an dieser Stelle insbesondere auch auf mein eigenes Büchlein <<33 Lebensgesetze und ihre praktische Anwendung>> verweisen.

Arbeitsblatt Bardentum Schwelle III: Quellenstudium

Der folgende Literaturkanon ist natürlich unvollständig. Dennoch wird das verständige Lesen der folgenden 13 Bücher von DRACO INTEGRAL als Voraussetzung für das Weiterschreiten in den Rang des Schamanen angesehen:

1. Ho'oponopono von Ulrich Emil Duprée
2. Gewaltfreie Kommunikation von Marshall B. Rosenberg
3. Raus aus dem Geldspiel von Robert Scheinfeld
4. Gespräche des Weisen vom Berge Arunachala von Ramana Maharshi
5. Die Edda
6. Über die Pflicht zum Ungehorsam gegenüber der Staatsgewalt von David Henry Thoreau
7. Ökonomie der Verbundenheit von Charles Eisenstein
8. Der Weg des Schamanen von Michael Harner
9. Auf der Suche nach der verlorenen Seele von Sandra Ingerman
10. Die Lebensschule von Thorsten Nagel
11. als Mann: Der Weg des wahren Mannes von David Deida; sowie als Frau: Menschenzauber von Katja Fauser-Nagel
12. Handbuch des Kriegers des Lichts von Paulo Coelho
13. Altes Wissen für die neue Zeit von Geseko von Lüpke

All diese Bücher tragen das Prädikat "*maßgeblich*".

BUCH DER SCHAMANINNEN UND SCHAMANEN

- als Schamane ausgebildet -

Definition Schamane/Schamanin

Schamane ist, wer die Anderswelt willentlich zu bereisen in der Lage ist; dort den bewussten Kontakt zu seinen *spirits* hergestellt hat und sich mit deren Hilfe zunächst selbst geheilt hat. Sodann wird erkennbar, ob er eher zum Krieger- oder zum Heilerschamanen berufen wurde. Als Heilerschamane bedient er sich unterschiedlichster Methoden, wie z.B. der Extraktion, Seelenrückholung, Heilkräuterkunde oder auch der Homöopathie und wirkt zum Wohle von Individuum, Menschheit und Natur. Der Kriegerschamane unterdessen entscheidet sich nunmehr oftmals bewusst, zur weiteren Vervollkommnung den "druidischen Weg" einzuschlagen. In der Realität kommen zumeist Mischformen der beiden Schamanentypen vor.

Charakterisierung Schamane/Schamanin

Die drei Stufen eines Schamanen sind der für sich Reisende, der für andere Reisende und der als Schamane Lebende.

Schwelle V "Ver-rücktheit"
- abgeschlossene schamanische Ausbildung
- schamanische Praxis

Schamanische Ausbildung und Praxis entsprechen dem Halschakra. Unser absoluter Wille zur Erkenntnis der verborgenen Dinge wird hier zum Ausdruck gebracht.

<u>Schwelle VI "Resilenz"</u>
Resilenz entsteht durch das Leben mit dem Medizinrad. In der DRACO-Matrix sprechen wir hierbei vom Dritten Auge, welches zugleich die verborgenen Dinge erblickt.

Der **Kriegerschamane** tritt den Weg in die eigene Makellosigkeit an, wobei er des bedingungslosen Vertrauens in die Führung durch die eigenen *spirits* bedarf. Makellosigkeit selbst möchte ich an dieser Stelle wie folgt definieren: *Jeden Tag freudig aufzustehen und so zu leben, als könne es der letzte sein. Dinge ohne Abhängigkeiten zu erledigen und zu erleben und frei davon zu sein, sich irgendwelches Karma zu erschaffen.* Oftmals folgt eine druidische Ausbildung.

Der **Heilerschamane** tritt nach eigener Selbstheilung den Weg zur Heilung anderer an. Es ist sein ausgeprägter Wunsch, anderen zu helfen. Er bedarf hierzu des bedingungslosen Vertrauens in die eigene Intuition und kombiniert schamanische Heilmethoden mit anderen Verfahrensweisen. Seine Heilerfolge mehren sich mit der Erfahrung. Oftmals folgt eine Ausbildung als Heilpraktiker oder in mindestens einem weiteren Heilverfahren wie zum Beispiel der Naturheilkunde, Kräuterheilkunde, Homöopathie, Geistheilung, Reiki, Akupunktur, der russischen Heilbehandlung oder der Zweipunktmethode et cetera.

Wicca gilt dem Schamanentum als gleichgestellt im Rang, verfügt aber meines Erachtens nicht über dessen grundsätzliche Tiefe, weshalb ich jedem Wicca-Anhänger empfehle, bei Wunsch oder Bedarf nach persönlicher Weiterentwicklung, eine zusätzliche schamanische Ausbildung anzustreben.

BUCH DER DRUIDINNEN UND DRUIDEN

- zum Druiden geweiht -

Definition Druide/Druidin
Druide ist, wer das Lebensrad begriffen und durchschritten hat sowie in dessen Zentrum die oberste Bewusstseinsebene der Einheit mit allem Sein erkannt und somit (zumindest spirituell und mental) erlangt hat. Damit akzeptiert er seine 100%ige Schöpferkraft und entschließt sich zugleich, dieses Wissen weiterzureichen. Zum Druidentum gehören ferner die Kalender-, Runen- und Oghamkunde. Der Druide verkörpert den Archetypus eines Magiers oder Weisen (*Vikti*). Die Götter und Bezugssysteme, mit denen er arbeitet, sind ihm freigestellt. So wird er im Laufe der Zeit vom Schüler zu einem Lehrer, der seine eigene Matrix formt!

Charakterisierung Druide/Druidin
Die drei Stufen eines Druiden sind der altes Wissen Bewahrende, der den Kreis Hütende und das Tor zur Erleuchtung.

Schwelle VII "Ganzheit"
- abgeschlossene druidische Ausbildung
- druidische Praxis

Schwelle VII entspricht bereits dem nach oben zum Universum hin geöffneten Kronenchakra. Im Yogasystem entspräche der Krieger dem Hartha-Yogi, der Barde dem Karma-Yogi, der Schamane dem Bhakti-Yogi und der Druide dem Raja-Yogi.

Schwelle VIII "Verwirklichung"

Zur druidischen Verwirklichung gehört ein authentisches Leben in allen Lebensbereichen. Dies entspricht dem Kraftzentrum unserer Seele, auch "Druiden- oder Seelenchakra" genannt, welches sich noch über unserem Kronenchakra befindet. Dies ist jener Bereich, wo ein Seher den sogenannten *Heiligenschein* wahrnimmt.

Druidentum, wie es DRACO INTEGRAL versteht, ist mehr als eine bloße Religion wie beispielsweise Ásatrú oder eine Lebenseinstellung wie der Paganismus. Es beinhaltet zwar dessen Elemente, transzendiert sie aber zugleich in seiner Orientierung an den 33_3 Götterarchetypen oder Naturgottheiten[18] sowie der Hinwendung zum Alleinsein des Advaita (*Allgeist*).

Druide zu sein bedeutet,
authentisches Lebenswissen zu bewahren,
zu entwickeln
und weiterzureichen.

Die drei fundamentalen DRACO-Prinzipien und seines Druidentums sind größtmögliche Freiheit, unbedingte Wahrhaftigkeit sowie die Liebe zu allem Sein!

---

[18] Dies bedeutet, dass alle weltweit überlieferten Götter als Inkarnationen oder lokale Erscheinungsformen dieser realen 33_3 betrachtet werden.

Die acht Schwellen bis in den Rang des Druiden entsprechen - wie wir gesehen haben - dem Aufstieg der Kundalinischlange durch die acht menschlichen Kraftzentren: Vom Erdchakra, der Schwelle I (= Beharrlichkeit des Kriegertums) bis ins Seelenchakra, der Schwelle VIII (= Verwirklichung des Druidentums).

Der Mensch ist indessen nur eines der die Erde bevölkernden Wesen. In der Naturspiritualität spricht man neben den Menschen auch allen weiteren *Elementen* und *Reichen* (a) Daseinsberechtigung, (b) Bewusstsein und (c) Entwicklung zu.

Häufig werde ich in letzter Zeit gefragt, wie ich zu all diesem Wissen und meinen Fertigkeiten gekommen bin; sprich: Wie wurde ich zum *Hüter des Kreises*? Keine einfache Frage. Folgende Antworten sind denkbar:

1) Ich hatte gute Lehrer. (Vielleicht war ich auch ein guter Schüler?)
2) Ich kam als Krieger zur Welt, habe mich zum Barden entwickelt, wurde zum Schamanen ausgebildet und zum Druiden (ausgebildet und) ernannt.
3) Ich arbeite eng mit meinen *spirits* und Verbündeten zusammen (u.a. mit meinem Fylgjur Draco II.)
4) Ich lausche dem Herzschlag der Erde.

So gesehen basiert die integrale DRACO-Matrix auf konsequenter Erforschung "meiner" Wirklichkeit (u.a. durch Elementeerfahrung, bardisches Studium und schamanische Reisen) und ist zugleich das Resultat einer über 20jährigen Avatarausbildung zum freien

Druiden durch das Leben selbst, die Natur, meinen Geistführer und meinen physischen Druidenvater Volkert Volkmann. Diese meine Ausbildung fand auf allen Ebenen der Schöpfung zugleich statt (*Inlinement*), welche da sind:

a) physisch,
b) emotional (= astral),
c) mental und
d) magisch (= ionisch/ spirituell).

Mein Ausbildung endete vorläufig in meiner rituellen Ernennung zum freien Druiden. Später wurde ich dann ein weiteres Mal durch einen Mistelzweig auf meinem Weg geweiht. Doch dies ist schon wieder eine andere Geschichte... In diesem Sinne beinhaltet Druidentum für mich alle in der Matrix dargestellten vorangegangenen Schritte von kindlichem Ichsein, bürgerlicher Kultur, kriegerischem Aufbegehren, bardischem Schaffen und schamanischem Heilen bis hin zum SELBST-Bewusstsein druidischer Lehren.

Die Kette des Nehmen und des Gebens in meinem Leben ist ungebrochen. Lebenslanges Lernen vorausgesetzt, besteht ein gesundes menschliches Leben aus 7x7 Jahren der eigenen Lehre sowie 7x7 Jahren der eigenen Lehrerschaft. Zum gegenwärtigen Zeitpunkt zähle ich 47 Lebensjahre dieser Inkarnation.

Konkret umfasste meine Lebensausbildung u.a. *Counseling* (Thing), Blot, Jahreszeitenfeste, Visionssuchen, Elementeweihen (u.a. Schwitzhütte,

Pfahlsitzen, Feuerlauf, Vollmondtauchen, Erdlochübernachtung), diverse Erfahrungen mit Lehrerpflanzen, Adlertanz, Jakobsweg, Heilfasten, Reikieinweihung, Marathonlauf, autarkes Leben in den Pyrenäen, Barfußbesteigung des Mount Patrik (Osten), Saharadurchquerung (Süden), Schwimmen in drei Ozeanen und sieben Meeren (Westen) sowie Jahre der Einsamkeit (Norden), das Verlassenwerden, die Krankheit, die Zurückgabe lebenslanger Verbeamtung, den erklärten Austritt aus der Bundesrepublik, die rituelle Enttaufung, Partner- und Vaterschaft, Patenkind, langjährige Auslandserfahrung mit mehrfachem Fremdspracherwerb, weltweites Studium alter und neuer Schriften, Kongresse, Seminare, Filme, Bücher, Lagerfeuer, gute Freunde und Gespräche. Hinzu kam der Erwerb diverser Heilkräfte, Hilfsgeister und Elementale/Elementare, Naturcoachausbildung, Ausbildung in gewaltfreier Kommunikation, Mediationsausbildung und Ausbildung zum systemischen Berater, Mantrasingen, Banderfahrung, Ritual- und Seminarleitung in Kooperation mit meinen *spirits*, Drachenchannelings usw. Es gab Momente, da wollte ich aufgeben... Es gab Momente unfassbarer Glückseligkeit!

Die durch Erfahrung, Eingabe und Erinnerung erkannte DRACO-Matrix ist INTEGRAL! Sie ist universell und basiert gleichermaßen auf dem Studium alter Quellen (Osten), der eigenen sinnlichen Lebenserfahrung (Süden), dem Durchspüren der menschlichen Emotionen von der Angst zur Liebe (Westen) und der naturspirituellen Einsicht (Norden). All dies kennzeichnet den Weg eines Druiden. Auch die Integration der

Schatten in den unteren Welten und der Aufstieg in die oberen sind ein Teil dieses Wegs. Die zugrunde liegende Matrix ist ganzheitlich und basiert primär auf eigenem Erleben und damit einhergehender Selbsterfahrung; längst schon hat sie sich verselbstständigt und wurde so – durch die Zeugenschaft anderer - zum allgemeinen Kulturgut! Ein Weg wurde gezeichnet. Sein Sinnbild ist eine nach oben hin geöffnete Spirale. Eine Einladung wurde ausgesprochen!

Die DRACO-Matrix ist am globalen Regenbogen orientiert und erfüllt die Standards der DRACO-Stiftung[19]! Keine Farbe ist besser als die andere. Alles darf; nichts muss. In seiner Summe überwältigende Schönheit... Wir alle sind ein einziger menschlicher Organismus! Die Farben des Regenbogens sind die Farben deiner und meiner Seele. Diese ist fragil und steht doch über den Dingen. Selbstliebe ist das Gebot der Stunde. Es gibt keine Trennung! Was immer du Gutes fühlst, denkst, sprichst oder tust, wird vielfach auf dich zurückkommen! Dies ist ein Lebensgesetz! Gesunde Furcht ist von Vorteil, doch unbegründete Angst gilt es zu überwinden. Erhebe dich durch Heilung und Segnung und oder erniedrige dich durch Missgunst, Neid oder Hass. Wählst du den lichten Strang, so wirst du es für uns alle tun! Die Wahl ist die deine! Du bist frei! Frei! Frei!

---

[19] Gründung am 1. Dezember 2014

NACHBUCH

Mein Angebot zur Unterstützung

Die folgende Übersicht zeigt auf, wie ich dir anbiete, dich auf deinem Weg im GPDE zu unterstützen:

(A) BÜRGERTUM:
Arbeite redlich die diesbezüglichen Arbeitsblätter durch. Wenn du möchtest, komme zum Coaching!

(B) VOLLENDETES KRIEGERTUM:
- Feuerlauf
- Vollmondtauchen
- Erdlochübernachtung
- Pfahlsitzen
(sogar mit jeweiligem Diplom)

(C) BARDENTUM:
Verwirkliche dich selbst in dieser Welt durch den Ausdruck deiner persönlichen Gefühle! Studiere die alten Quellen und Draco-Veden!

Gültige Seminarinhalte von DRACO INTEGRAL mit Stand vom 17.11.2014:

(D) SCHAMANISCHER BEREICH
(I) Basisseminar Schamanentum
- schamanisches Weltbild
- schamanisches Reisen
- Steinorakel
- Krafttiertanz

Diplom als Shamanic apprentice

(II) Naturgeisterseminar
- erweitertes Bewusstsein
- Reinigung von Orten und Dingen
- Kommunikation mit Naturgeistern

(II) Ahnen, Tod und Sterben
- Sterbeleite
- Lichtbrückenbau
- Geisterkanu
- Ahnenarbeit

(II) Transformationsseminar
- Maskenbau
- Visionstanz

(II) Extraktion und Heilung aus schamanischer Sicht
- Methoden der schamanischen Heilarbeit
- Extraktion

(III) Seelenrückholung

(IV) Kompakte Visionssuche

Nach Abschluss dieser sieben Wochenenden/Module
wird ein Diplom als *Shamanic practitioner* ausgestellt.

Auf Nachfrage erfolgt eine kostenfreie Weiterbildung zum
Shamanic instructor durch Assistenz.

(E) DRUIDISCHER BEREICH
(V) Runenseminar
- Geschichte
- Runenkunde
- Baumogham

(V) Götterkundeseminar
- keltische und germanische Gottheiten
- göttliche Archetypen
- morphologische Felder
- universelle Religion
- verschiedene Schöpfermythen
- persönliche Kosmologie/Weltbild
- Begegnung mit der eigenen Gottheit

(V) Lebensradseminar
- das Lebensrad
- naturspirituelle Feste
- der ewige Kalender

Diplom als Druidic apprentice

(VI) Moderne druidische Medizin

(VI) Schöfperkraftseminar
- druidisches Weltbild
- moderne Physik
- Verwirklichung des Selbst
- Vereinigung mit dem Fylgja

(VI) Eigene Elementehütte

Diplom als Druidic practitioner

Bei Interesse und Bedarf erfolgt eine kostenfreie Weiterbildung zum *Druidic instructor* mit entsprechender Beratung und Coaching.

Was ist der Unterschied zwischen dem GPDE, dem lichten Strang und der DRACO-Matrix personaler Ränge?

Die DRACO-Matrix ist ein Teil des lichten Stranges. In seiner Essenz identisch mit dem GPDE. Auch der lichte Strang ist Teil des GPDE. Das Endziel des GPDE ist Erleuchtung oder ganzheitliche Einkehr in die Ebene der Einheit. Seine gesellschaftliche Vorstufe ist SAPO.

Modell der lebenden irdischen Elemente

Was nun folgt ist ein von mir hier "abschließend" genanntes Modell lebender irdischer Elemente[20]...

Himmels-richtung	Osten	Süden	Westen	Norden
Grund-element	LUFT	FEUER	WASSER	ERDE
Elementar-geister	Sylphen	Salaman-der	Nixen	Gnome
Erste Er-weiterung	Tiere	Pilze	Pflanzen	Mineralien/ Steine
Geisthüter	*Dschinne*	*??*	*Devas*	*Titane*
Zweite Er-weiterung	Menschen / Ahnen	Elementar-völker	Bäume / Dryaden	Kristalle
Geisthüter	Engel	??	Fedas	Runen
Persön-liches Krafttier	Adler	Löwin	Wal	Bär

---

[20]   Naturgottheiten und einige weitere Wesen zählen in dieser Hinsicht schon nicht mehr als "irdisch".

103

Hinzu kommen noch die persönlichen Fabelwesen der vier Himmelsrichtungen! Die Anerkennung aller Elemente als *lebend* ist für Bürger oftmals noch immer eine große Hürde. Sie sollten nicht nur Bäume umarmen, sondern auch mit Steinen sprechen. Dann wäre bereits viel geholfen! Alles ist belebt. Es gibt keine tote Materie im Universum. Alle seine Elemente und auch geistige Wesenheiten morphologischer Felder kommunizieren eigenständig und stehen mit uns in permanenter Wechselwirkung. Im Hinblick auf eine naturspirituelle und wie ich finde "universelle" Kosmologie ist die Bereitschaft, den Elementen - also auch den Steinen, dem Feuer, dem Wind oder auch den Planeten - bewusstes Leben zuzusprechen *notwendig* und doch zugleich nur der erste Schritt auf einer langen Reise.

Zu einer weiteren, umfassenderen Beschäftigung mit der angesprochenen Thematik empfehle ich u.a. die <<*Einheitliche Kosmologie und Geschichte der Menschheit*>> aus meiner Feder. Man kann die hierin aufgeführten Sachverhalte glauben oder es sein lassen. In jedem Fall geben sie einen ausführlichen Überblick über die Struktur meines Denkens und meiner Forschungen und damit dessen, was ich als "*universelle Kosmologie in der Naturspiritualität und darüber hinaus*" begreife. Wenn ich persönlich nicht vom grundlegenden Wahrheitsgehalt meiner Darstellungen überzeugt wäre, würde ich mich schämen, sie dir/euch darzubieten. Dies ist aber nicht der Fall, denn ganz im Gegenteil lege ich die gesamte DRACO-Matrix jedem Menschen auf seiner ganz persönlichen Suche nach höherer Wahrheit sehr ans Herzen.

Modell der vier Körper

Unsere vier Körper sind zugleich Auren, Seelen oder Energiespeicher. Sie stehen mit den vier Kesseln von Bauch, Brust, Kopf und Seele in Wechselwirkung. Folgende Tabelle soll diesen Sachverhalt verdeutlichen:

Kraftzentrum	Kessel	Körper
Erd- und Bauchchakra	= Bauchkessel	physischer Körper
Sonnengeflecht und Herzchakra	= Brust- oder Herzkessel	Emotionalkörper oder -seele
Halschakra und Drittes Auge	= Kopfkessel	Mentalkörper oder -seele
Kronen- und Seelenchakra	= Seelenkessel	ionischer Körper ("Seele")

Auf einer schamanischen Reise vereinigt sich an unserem Kraftplatz die vorauseilende, imaginierende und steuernde Mentalseele mit der hinterhereilenden und wahrnehmenden Astral- oder Emotionalseele. Beide Seelen zusammen bilden unseren schamanischen Reisekörper ("*shaman*"). Während der physische Körper *("body")* auf dem Erdboden - möglichst geschützt - zurückbleibt, geht *shaman,* unser Bewusstsein, auf Reisen. Unser vierter Körper, unsere ionische Seele ("*druid*"), wacht und umhüllt nach wie vor beide, *shaman* und *body (Leib)*. Eine Verbindung aller Körper, *body, shaman* und *druid*, wird darüberhinaus von der sogenannten Silberschnur gewährleistet, welche so heißt, weil sie so aussieht.

Verschiedene Fragen

Woraus bestehen Fabelwesen und Naturgottheiten?
Drachen, Elfen, Einhörner usw., also Fabelwesen, sind
mentale Wesen menschlicher Phantasie. Gleiches gilt für
die Naturgottheiten, die 33 Archetypen.

Existieren sie also nicht echt?
Natürlich existieren sie! Ihr Wirken in der Welt und ihre
Zusammenarbeit mit uns Menschen ist von
unschätzbarem Wert! Wissenschaftlich gesehen kannst
du von morphogenetischen Feldern sprechen. Auch
Engel gehören in diese Kategorie. Das sind Wesen, die
sich auf emotionalen, mentalen und ionischen
Entwicklungssträngen entwickeln, aber nur über wenig
Materie verfügen.

Also mehr als bloße Phantasie?
Ja, natürlich!

Was ist mit den unpersönlichen Elementarvölkern?
Die unpersönlichen Elementarvölker (Sylphen,
Salamander, Nixen und Gnome) konzipieren ihr
jeweiliges Grundelement und werden zugleich durch
dieses gespeist, eine enge Symbiose!

Wenn du von Wôlgmaren sprichst...
Menschen, Sirianer, Orioner, Plejadier oder Anunnaki
sind als Wôlgmare bekannte viergliedrige Wesen. Und
um deiner nächsten Frage vorzubeugen: die vier Glieder
sind unsere physischen, emotionalen, mentalen und
spirituellen Körper.

Und die Zetas?

Bei den Zetas oder Archonten verhält es sich anders. Zwar kamen auch sie durch das *Urbild des Wôlgmars* in der fünften Oberwelt zu uns Menschen. In Wirklichkeit sind sie aber das, was Carlos Castaneda als "anorganische Wesen" bezeichnet. Wie auch die Elohim stammen sie aus der fünften Oberwelt jenseits der Schwelle der Elemente. Sie sind Wesen ohne feste Körper, Gefühle, freie Gedanken oder ein höheres Selbst, welche sich immer nur für eine kurze Zeitdauer materialisieren können. Dennoch verfügen sie über Absichten. Treten wir mit ihnen in Verbindung, nähren sie sich von unseren Emotionen. Persönlich habe ich auch zwei anorganische Verbündete, Thokoles, die gelbe Kriegerspinne und Karashcier, eine Drachenameise. Beide stehen bereits über Leben hinweg mit mir im Bündnis. Zwar ernähren auch sie sich von meinen Gefühlen, gewähren mir aber andererseits Schutz.

Was bedeutet "jenseits der Schwelle der Elemente"?

Diese Schwelle trennt die vierte von der fünften oberen Welt. Bis zur vierten Oberwelt kann man von irdischen Elementen sprechen. Diese verfügen - wenn auch in verschiedenen Mischverhältnissen - über Verdichtung (Erde), Emotionen (Gefühl), Phantasie (Geist) und Seele. Die *Anorganischen* haben all dies nicht. Trotzdem existieren sie. Castaneda sprach auch von *Scouts*, welche sie in die irdischen Gefilde schicken, mit der Absicht, diese zu erkunden. Carlo Zumstein schreibt davon, ihnen freundlich zu begegnen, aber keine Geschenke, kein Essen und keine Liebschaft anzunehmen. Auch Versprechen sollten ihnen gegenüber niemals abgegeben werden; mit der Absicht, immer weiter zu streben, nie zu verweilen.

Was ist mit Krafttieren und Geistführern?
Eine immer wieder interessante Frage. Bereits in der <<*europäischen Blaupause*>> habe ich dargelegt, dass Geistführer zur Weißen Bruderschaft gehören, während Krafttiere so etwas wie aufgestiegene oder erleuchtete Tiere sind.

Gibt es auch erleuchtete Steine oder Pflanzen?
Selbstverständlich!

Ist es nicht überheblich, vermessen und arrogant von den "wahren Menschen der persönlichen Ränge" im Gegensatz zu den "Bürgern" zu sprechen?
Warum? Es entspricht der Wahrheit, dass Babylonier nicht ihre volle Menschlichkeit leben. Sie sind Hybride. Manche Bestimmer sind sogar zu über 95% *ergraut*. Ihre Restmenschlichkeit beträgt daher nur 5% und weniger.

??
Es stimmt, dass SAPO, die spirituelle Anarchie, keine Ränge braucht, einzig der Konsens des Kreises entscheidet. Dennoch sollte unser heutiges krankes "Ämter- und Spezialistendenken" nicht in komplett antiautoritäre Formen zurückfallen. Es gibt noch immer gewisse Richtlinien und Regeln. Natürliche Dominanz ist ein wichtiges Kriterium. Die Rebellion der Krieger und die *Qualitäten* der weiteren persönlichen Ränge (Kreativität, Heilkunst und rechtsdrehende Lehre) sind not-wendig!

Inwiefern?

In SAPO entfallen gewisse Aufgaben auf jeden der vier personalen Ränge: Die Kriegerinnen und Krieger dienen dem Schutz des Gemeinwesens; die Bardinnen und Barden konstruieren, unterhalten, informieren; die Schamaninnen und Schamanen heilen, und die Druidinnen und Druiden schlichten, strukturieren und lehren.

Das Bild des konsensorientierten Kreises im Zusammenhang mit den *präpersonalen, personalen, postpersonalen* und *kosmischen* Rängen ist ein gesellschaftliches Abbild der Horizontale des Medizinrads im Zusammenspiel mit der Vertikale des Weltenbaums. Im Zentrum all dieser Überlegungen steht immer der Mensch selbst! Ich kann darin keinerlei Arroganz erkennen! Ganz im Gegenteil: Demut!

Wie stehst du zur Tätowierung?

Was ich überhaupt nicht leiden kann, ist, wenn sich Europäer anstelle von Runen oder keltischer Kunst asiatische Schriftzeichen tätowieren lassen, doch ist dies selbstverständlich ihre Sache. Sie wissen nur einfach nicht, was sie tun! Eine Tätowierung sollte immer der eigenen Geschichte und dem persönlichen Weltbild entsprechen und nicht einfach nur irgendetwas Fremdes kopieren.

<u>Könntest du bitte noch einmal abschließend den Begriff</u>
<u>des "Wôlgmars" definieren?</u>

Als "*Wôlgmar*" bezeichnen wir alle kosmischen Wesen, welche über einen dem Menschen vergleichbaren fünfgliedrigen Körperaufbau und aufrechten Gang verfügen, also beispielsweise Menschenaffen, Orioner, frühere Sirianer (bevor sie Delfin- und Adlerkörper annahmen), sechs von sieben plejadischen Rassen etc. Nicht jedoch Zetas, selbst wenn diese in der Lage sind durch das Urbild des *Wôlgmars* in der fünften Oberwelt eine entsprechende Form anzunehmen. Zetas verfügen weder über Gefühle noch über eine Seele! Sie sind zu verdunkelt!

Dialog mit Yorn

Soeben wurde mir Yorns Präsenz bewusst:

"Yorn, mein Geistführer, ich habe eine Frage!"
"Wer außer der Reihe fragt, wird weise!"
"Du bist mir immer in Gestalt eines Druiden oder als Falkenmagier erschienen..."
"Jetzt, wo du selbst zum Hüter des Kreises wurdest, vermag ich dir mein wahres Gesicht zu zeigen."
"Du hast den Rang eines Druiden längst verlassen?"
"Ich erschien dir in der Form deines eigenen Avatars, um dich zu locken. Es ist dir gegeben, noch in diesem Leben das Tor der Erleuchtung zu erreichen. Das Bild, welches ich dir von mir zeigte, war dein eigenes! Der Falke ist dein Krafttier!"
"Und deine wahre Erscheinung?"
"Ich, als dein Geistführer, bin ein Mitglied der weißen Geschwisterschaft, ein Buddha."
"Ein verdammter Buddha? Nichts keltisches oder europäisches?"
"Die Ränge der weißen Geschwisterschaft sind universell. Es wäre falsch, sie mit den unterschiedlichen menschlichen Kulturen zu identifizieren."
"Bist du der Buddha? Was soll das überhaupt sein? Ich kenne den Buddha nur als Gottespropheten..."
"Es gibt nicht nur einen Buddha. Jener, den du meinst, ging als Gottesprophet gänzlich in den Allgeist ein."
"Und du?"
"Dein Buddha ist ein Bodhisattva, welcher sich entschied, nicht wieder zu inkarnieren, sondern aus den oberen Welten heraus den Menschen bei ihrem Aufstieg zu helfen."

Abschließende Stellungnahme und Ausblick

Den personalen Rängen von Krieger, Barde, Schamane und Druide folgen die *transpersonalen* als *Aufgestiegener Meister, Bodhisattva, Gottesprophet* und *Avatar*, welche von der DRACO-Matrix allerdings nur noch am Rande, als *Weiße Bruderschaft*, erfasst werden. Vermutlich werden zu ihrer Vollendung noch weitere Kraftzentren freigeschaltet.

Im Übrigen freue ich mich über jede und jeden, der/die die universelle und umfassende Weisheit der DRACO-Matrix erkennt und für Heilung, Entwicklung und Vielfalt von Individualität, Gemeinschaft und Naturraum heilbringend einsetzt. Ihr seid not-wendend! Eure Schwerter seien die Eigenverantwortung, die Wahrhaftigkeit sowie die Liebe zu allem Sein!

Die integrale DRACO-Matrix umfasst neben sowie Männercoaching (die Frauen müssen ihr eigenes Konzept entwickeln), der Ausbildung in den vier personellen Rängen, dem neunfachen Weg der Heilung, dem Modell der lebenden irdischen Elemente, der *Kosmologie der fünf Nächte*[21] und dem Aufbau der menschlichen Seele[22] auch das eurasische Medizinrad, die Systematik der oberen und unteren Welten, eine universelle Erdreligion[23], das Wissen um die 33_3, das Urbild des Menschen, Drachenkunde, die zeitliche

---

[21] U.a. publiziert im <<DRACO-Druidenbuch>>
[22] Hier: Leib, Emotional- oder Astralkörper, Mentalkörper, spirit-Körper und universeller Körper
[23] Publiziert u.a. in <<Eurasische Naturspiritualität>>

Abfolge menschlicher Reiche von Ur über Atlantis bis SAPO[24] und vieles andere mehr.

Wer mich kennt, weiß, dass ich in in allem, was ich tue, zwar gründlich aber nicht dogmatisch bin und keine Tabus akzeptiere. Nahezu Immer gebe ich der eigenen Intuition, Kreativität sowie den individuellen Schattierungen und Ausformungen den Vorzug vor straffer Hierarchie, Konkurrenz und Prinzipienreiterei. Gerade als schamanisch Tätige sind wir Grenzgänger zwischen unserem Weltbild und der Geisteshaltung anderer, zwischen der Alltags- und der Anderswelt, zwischen den verschiedenen Himmelsrichtungen, unteren und oberen Welten, zwischen den verschiedenen Sphären anorganischer, organischer und kosmischer Existenz. Gar manches Dasein spielt sich auch in gänzlich parallelen Universen ab. Und so weiter.

Im Osten ist eine Welt eine Weltanschauung
Im Süden entspricht sie der Lebenserfahrung
Im Westen einem Bewusstseinszustand und
Im Norden einem spirituellen System

Für - planmäßig - 2019 wird ein zweites deutschsprachiges Schamanen- und Druidencamp einberufen. Er richtet sich an alle in der Naturspiritualität tätigen Hexen, Schamanen, Druiden und Magier sowie an weitere Interessierte. Wir verfügen über genug engagierte und fähige Leute in den eigenen Gefilden, um unser Wissen, unsere Heilmethoden, unser Können und unsere Rituale selbstbewusst einer immer größeren

---

[24] siehe Anmerkung Nr. 8!

Gruppe von Menschen zugänglich zu machen. Meines Erachtens haben wir sogar eine moralische Verpflichtung zur vermehrten Zusammenarbeit. Den ersten Tag dient der Vorbereitung und sollten für das interne, gegenseitige Kennlernen und Ankommen reserviert werden. Die beiden folgenden Tage mit Workshops auch für die Öffentlichkeit zugänglich sein. Mit einem gemeinsamen Eingangsritual, Feuerfest und einem abschließenden Kommuniqué. Das Organisationsteam ist noch immer offen für Mitstreiter für diese Vision!

Mein Name ist Thorsten Spinnenkind Nagel. Als freier Druide bin ich ein unabhängiger Lebens- und Bewusstseinsforscher. Als Hüter des Kreises, dem zweiten druidischen Grad entsprechend, bilde ich andere in der DRACO-Matrix aus und unterstütze sie darin, ihrem ganz persönlichen Avatarweg zu folgen. Möge mich diese Matrix überleben und eines Tages von der Mehrheit der Menschen als richtig, sinn- und nutzbringend anerkannt werden!

(ENDE VON TEIL 1)

TEIL 2: Heilen mit dem erweiterten Medizinrad

„Es war einmal ein Land, Leben genannt, da stritten vier Töchter um die Macht. Ihre Namen waren Utopia, Metropolis, Empathia und Shadowtown."

<u>**Einführung in die „Seelengraphie"**</u>
Utopia wurde auf sieben Hügeln erbaut, deren Namen waren *Phantasie, Illusion, Kreativität, Klarheit, Reinheit, Höhe* und *Logik*. Sie war die angestammte Herrscherin des Ostens, von Intellekt und Geist. In den tiefen Schichten der menschlichen Seele hatte Utopia noch immer ihren Einfluss. Im Alltag aber ward sie längst durch die Macht der babylonischen Traumfabrik im fernen Westen entmachtet. Diese gehörte zu Metropolis und war eine Königin unter den Manipulatoren, obwohl dort auch einige Wissensschmuggler ihre Arbeit fanden. Nicht wenige der Utopier, um ehrlich zu sein, deren überwältigende Mehrheit, arbeitete mittlerweile für die Vasallen und Geldgeber von Metropolis, für Wissenschaft und Technik, Krieg und Fortschritt, Mammon und Mono, Unterdrückung und Sklaverei. Und doch gab es noch immer auch das ursprüngliche, tiefenintellektuelle, eigentliche Utopia.

Metropolis, im südlichen Viertel der Sinnlichkeit und Fülle, gebärdete sich als die eigentliche, rechtmäßige Lebenskönigin. Sie war stolz, hart und unerbittlich, gab sich großzügig und war doch zutiefst verlogen. Das von ihr regierte Reich nannte sich Babylon, Weltmacht. Wie Kraken umschlossen ihre Arme fast die gesamte materielle Welt.

Regiert wurden Metropolis und Globus von den zehn Bestimmerfamilien, ihren Clans, Vasallen und Schattenmännern. Die oberste dieser Familien führte einen roten Schild im Wappen. Ihr Herrschaftssystem nannte sich Zins und Zinseszins. Zins war Schuld. Schuld war Knechtschaft, musste getilgt werden mit dem Herbeischaffen immer neuer Rohprodukte und deren Umwandlung in Ware. Zu diesem Zwecke grub und sprengte, bohrte, rodete und planierte, tötete und vernichtete man. Dort, wo einst Vielfalt gedieh, wurde der Kult des Mono eingeführt, des Mammon oder Schattenbaal. Wer sich widersetzte, wurde kaltgestellt, ausgeschaltet. Aus Knechtschaft wurde Sklaverei. Aus Sklaverei sollte der Chip für alle entstehen, die eine Menschmaschine.

Am Rande von Babylon lebten zwar noch immer redliche Viehzüchter und Landwirte, die die Massen der Metropole mit Nahrung versorgten, doch nahm ihre Zahl nahezu stündlich ab. Ihre Methoden wurden von mal zu mal immer herzloser, industrieller und die von ihnen erzeugte Massennahrung schubweise schlechter. Einzig die Bestimmer, die Emporkömmlinge und einige ihrer Vasallen an den Hebeln der Macht und in den Glastürmen der Schattenmagier konnten sich noch immer mit hochwertigen Lebensmitteln versorgen. Und alle dienten ihnen, weil sie glaubten, es wäre zu ihrem eigenen Vorteil. Freiwillig ohne freien Willen! So wähnten sich die Bestimmer als Herrscher dieser Welt, bestärkten sich gegenseitig darin, schlauer und besser zu sein als der Rest der Menschen. Sie inszenierten Zerstörung, Armut, Kriminalität und Kriege und badeten dabei in

Champus, Öl und Blut. In jedem der weltweit ausbrechenden Konflikte wurden rücksichtslos beide Seiten finanziert und zugleich beide Lager dahingehend manipuliert, dass immer alle glaubten *"auf der richtigen Seite zu stehen"*. So ließen sich die besten Gewinne machen! So einfach die Tricks der Schattenmacher waren, so effizient zugleich: *Trennen, werten und fixieren! Almosen und Spiele! Gib 1 nimm 2!* So ließ es sich leben. Ursprünglich aber war diese Welt, war Leben anders konzipiert wurden. Geld war als ein gerechtes Mittel des Ausgleichs von Leistung gedacht und weder als Anreiz zur Zerstörung noch als Mittel der Versklavung. Hatte der Göttliche Plan der Entwicklung einst vorgesehen, dass das südliche Viertel der Fülle die gesamte Welt mit Wohlstand hätte versorgen können? Doch wer scherte sich heutzutage noch um diesen alten Plan, wo es doch die Quartalsziele zu erfüllen galt. Es galt der Wille der Bestimmer!

Südlich des südlichen Viertels voll Milch und Honig erstreckte sich dann allerdings bereits die **Steppe des Zweifels**. Diese Steppe hatte nicht immer existiert. Ursprünglich war auch hier guter Mutterboden vorzufinden und Hoffnung. Heutzutage glich die Steppe des Zweifels jener des ariden, unbewaldeten Mittelmeerraums. Würde man auch morgen noch vom Ertrag der Ernte und der eigenen Hände Arbeit leben können?

Empathia, im See der Liebe gelegen, war von ganz anderer Art. Wenn sie an Metropolis dachte, musste sie weinen. Empathia war die Hauptstadt des Westens, der

Emotionen und Gefühle. Was in Metropolis und Babylon geschah, konnte von ihr nicht gut geheißen werden! Doch sie war zu gutmütig, um Babylon ernsthaft mit eigenen Truppen zu bekämpfen. Sehr bald schon wandelten sich in den Savannen und Wäldern des Westens die gerechten Gefühle von Wut oder Zorn in Verständnis und Verzeihen. Dennoch weinte Empathia

Die vierte der vier Töchter war **Shadowtown**, die Stadt der Schläfer, Gnome, Schatten und Toten. Viele Ahnen gab es hier, die den Sanftmut Empathias tadelten und gerne gegen Babylon, gegen Metropolis, gegen die Bestimmer gezogen wären. Andere rieten zur Mäßigung. Bald schon machte sich erneut die Lethargie breit. Das nördliche Viertel lag wie immer verborgen in Dunkelheit und Ruhe. Würde sich das je ändern? Oder erhoben sich die Schatten und Toten bereits, um die babylonischen Bestimmer in ihren Träumen heimzusuchen?

Doch selbst, hätten es Utopia, Empathia und Shadowtown vermocht, sich zu vereinen und gemeinsam gegen Metropolis zu ziehen, wären ihnen die Bestimmer vermutlich trotzdem entkommen, den diese lebten längst in abgeschiedenen, gut befestigten Berganlagen im östlichen Gebirge der Macht mit seinen 64 Gipfeln.

Noch jüngere Schwestern gab es im Lande Leben. Jeder Ort war eine solche. Da waren z.B. Slawengrad am Fuß der Ostberge, Propellerstadt in der Wüste des Südens, Provinzia an der Westküste oder Boomtown im hohen Norden.

Slawengrad war eine zeternde Schwester, zugleich ursprünglich und heruntergekommen, die erfolglos versuchte, sich als Gegenspieler von Metropolis zu positionieren. Sie nutzte hierfür das Machtvakuum, welches das mit Babylon kooperierende intellektuelle Utopia, das sanftmütige Empathia und das sich in Schweigen hüllende Shadowtown hinterließen. Doch in Wirklichkeit war Slawengrad nur eine schlechte Kopie des eigentlichen Metropolis. Auch mit ihrer nächsten Verwandten, Utopia, kam sie - trotz gegenseitiger Versuche der Annäherung - nicht wirklich überein.

Propellerstadt, in der Wüste der Sehnsucht gelegen, südlich der Steppe des Zweifels, glich einem zu Stein gewordenen afrikanischen Alptraum. Zugegeben, mit Geld ließ es sich auch hier gut leben, doch die Masse der Bevölkerung war von ständiger Verarmung bedroht. Propellerstadt war keine Oase und lag inmitten der Wüste. Es brauchte Metropolis zum Lebenserhalt, so wie dieses Propellerstadt benötigte. Um Propellerstadt herum gab es augenscheinlich nichts als lebensfeindliche Umwelt. Und doch barg die die Stadt umgebende seelische Wüste, wenn auch keine Rohstoffe, so doch das große Potential des Innehaltens und der Besinnung. Bewohnt wurde die **Wüste der Sehnsucht** lediglich von einigen Nomadenstämmen. Prinzipiell gab es aus ihr heraus nur drei mögliche Wege: Jenen nach Norden in die Subsistenzwirtschaft der Steppe des Zweifels; jenen, auf der Suche nach dem eigenen Glück, in ihr Zentrum, also in die Slums von Propellerstadt, und schließlich jenen abfallenden nach Süden, in die **Königreiche der Süchte und Begierden**. Diese widerrum werden in westliche und östliche Süchte und Begierden eingeteilt, je nachdem ob durch sie ein herzöffender, erweiterter Blick auf das Lebensrad eingeleitet wird (= „westliche Süchte"), wie es beispielsweise bei einigen der sogenannten Lehrerpflanzen der Fall ist oder aber ein sich verengendes Bewusstsein mit Tunnelblick indiziert wird (= „östliche Süchte"). Zweites ist beispielsweise beim Alkohol der Fall. Die Königreiche der Süchte und Begierden (= Bewusstseinszustände) sind zwar grundsätzlich in sich geschlossen, können aber mit jeweils anderen interagieren. Entscheidend ist also, ob ich mich jeweils gut mit dem entsprechenden indizierten Bewusstsein, Gefühlen, Gedanken und körperlichen Zustände der Drogen fühle oder aber nicht. Hierbei macht die individuelle Lebenserfahrung einen entscheidenden Unterschied. Grundsätzlich sind die Königreiche der Süchte und Begierden ebenso wenig abzulehnen wie die Trauminseln (im erweitereten Westen), die Gefilde der Ahnen (im erweiterten Norden) oder die Länder der Abstraktionen, Symbole und Systeme (im erweiterten Osten). Dies aufgrund eigener Erfahrungen gewonnene Erkenntnis macht einen Medizinradkrieger aus.

Trotz allem Wissen und aller Weiseheit, die sich aus dem (richtigen) Gebrauch von Lehrerpflanzen und/oder Drogen ergeben, enden deren Königreiche im Westen an die furchterregende **Suchtküste** (= *Náströnd*, der Todesstrand) und werden im Osten durch die ölreichen **Störfelderzonen** begrenzt. Aus ihnen entspringt die Wut und steigert sich in Hass. Doch unter der Wut liegt Trauer, welche im erweiterten Lebensrad im gegenüberliegenden Nebel der Trauer lokalisiert wird.

Die letzte Zuflucht in den Königreichen der Süchte und Begierden war **Barracktown**, die Wellblechhütten der abgeschriebenen, vorwiegend schwarzen, braunen oder gelben Weltbevölkerung. Wer möchte kann die Bevölkerung von Barracktown auch als Huren und Sklaven Babylons betrachten. Trotz aller Widrigkeiten zeichnete diese Menschen aber eine ungebrochene Widerstandskraft und Kreativität aus. Barracktown war eine Schule des Lebens per excellence. Wer Barracktown überlebte, überlebte überall.

Doch verlassen wir die trostlosen Baracken und den fernen ariden Süden und wenden uns erneut nach Westen. Hier fristete **Provinzia** ihr bescheidenes Dasein, ein verschlafenes Fischernest am Meer des Tiefenbewusstseins. Metropolis betrachtete Provinzia zwar als ihre Untergebene, doch Provinzia selbst fühlte sich immer mehr der Landeshauptstadt Empathia zugehörig.

Eine wahre Tochter von Metropolis war **Boomtown** im Geisterland des hohen Nordens; eine künstliche Enklave zur Förderung von Erdgas, Erdöl und anderen Rohstoffen. Mit ihrem grellen Licht und dem permanenten Lärm gefräßiger Bagger, 24 Stunden am Tag, 365 Tage im Jahr, störte Boomtown empfindlich die Ruhe im Land der Toten. Auch der Kreißsaal der Wiederbelebung hatte hier seinen Platz gefunden. Aus Sicht der Bewohner des nördlichen Viertels war nicht Shadowtown, sondern Boomtown die eigentliche Stadt der Toten.

Natürlich gab es auch noch weitere Weltreiche, denn auf Erden war Platz für alle und für alles. Hinter den **Ländern der Abstraktionen, Symbole und Systeme,** im Osten des Gebirges der Macht, schlossen sich die **gelben Reiche** an. Sie waren die eigentliche Konkurrenz für Metropolis. Nicht Slawengrad, nicht Utopia, nicht Empathia, nicht Shadowtown. Aus den gelben Reichen würden die neuen Kaiser kommen, hofften die dortigen Machthaber: Herrscher klarer Willenskraft, die sich ihrer orange gewandeten Kultur nach außen hin als Aushängeschild bediente, um für ihre Vision einer gelben Welt morphiner Gleichgültigkeit Vertrauen zu schaffen und vielleicht sogar Begeisterung zu erwecken. Nach innen hin wurden dieselben orangenen Menschen allerdings gnadenlos unterdrückt.

Wenden wir uns vom fernen Osten - in einem weiteren Umlauf im Rad des Lebens - nunmehr in den Südosten. Hinter der Höhle des Schicksals, dem Tor des frühen Ausstiegs, erstreckten sich die **Störfelderzonen** menschlicher Existenz. **Arabcity** war die Hauptstadt dieser Region. In vielen ihrer Viertel tobte der Bürgerkrieg und verhinderte, dass sich insgesamt gesunde Nachbarschaften entwickeln konnten. Hinter diesen lokalen und regionalen Konflikten steckte viel Heißblut, aber auch Großmächte wie Metropolis, Slawengrad und **Yellowtown**, die Hauptstadt des gelben chinesischen Reichs. Allesamt unterstützten und schufen sie mit ihren Geheimdiensten und Waffen die unterschiedlichsten Kriegsparteien. Und allesamt waren sie sich einig darin, am besten ans Öl der Störzonenfelder zu gelangen, wenn man zugleich die gesamte Region destabilisierte. Die grüne Farbe des Islam symbolisierte eine Suche nach *Nemeton*, dem Zentrum des Friedens. Die Realität aber war anders. Es war und ist grundlegend falsch, Erdöl zu fördern. Dieses ist das Fruchtwasser der Mutter. Durch dessen Förderung entstanden überhaupt erst die Störzonenfelder. Der Krieg in Nahost wird erst mit dem Verzicht auf weitere Erdölförderung beendet werden. Es gibt andere Energiequellen!

Noch weiter im Südosten befindet sich die **Insel A**. Auch sie wird umkämpft: Neonlicht gegen Träume, Dürre gegen Nachhaltigkeit. Die Seelen der ursprünglichen Savanne des Ursprungs wurden mithilfe Empathias ins westliche Viertel unseres Lebensrads verlegt und hier aufgenommen. Heute betrachtet Metropolis die Insel A als eines seiner verlässlichsten Überseeterritorien.

Auch eine **Hüterinsel N** soll es dahinter noch geben, ebenso wie im hohen Nordwesten, hinter den Sümpfen des Wahnsinns, eine weitere Hüterinsel **G.**, welche ich aber beide nie betreten habe.

Die südlichen Träume sind Träume der Begierde, während sich die nördlichen der Transformation widmen. Das Archipel der Alpträume befindet sich am Rande des Nebels der Trauer. Westlich der Inseln der Träume gelegene und bereits wieder aus den Fluten des Tiefenbewusstseins aufgestiegene und zu Stein gewordene Kontinente sind **die Schildkröteninsel, die Lateinerinseln und die Feuerinsel.** Auch die legendäre Traumfabrik wurde hier, auf der Schildkröteninsel, gebaut, als Manipulationsmaschine und Abklatsch wahren Bewusstseins.

Auf den Lateinerinseln befinden sich die untergegangenen **Redtowns** wie z.B Chichén Itzá, Tenochtilán oder Machu Picchu. Die Osterinseln gehören ebenfalls zu ihnen. Auch hier regiert der babylonische Zeitgeist, wenn auch noch immer nicht ausschließlich. Wie allerorts regt sich auch auf den Lateinerinseln massiv der Widerstand!

Und um eines klar zu stellen. Trotz aller augenscheinlichen Fehlentwicklungen und Schrecken des Landes Leben ist Dana, Mutter Erde, noch lange nicht verloren! Unsere heutige Transformationszeit ist erst der Beginn einer langen, langen Reise! Die Menschheit, im Stadium der Kindheit und des Bürgertums, ist gerade erst dabei, in die Verantwortung zu erwachen. Und das ist gut so!

Der verwundete Heiler
Bei einem Zechgelage geriet Herakles mit seinen Kumpanen, den Kentauren, darüber in Streit, wem wohl der letzte Krug Wein gehöre. Für Herakles war es eine ausgemachte Sache, dass er ihm, dem Halbgott, zustünde, doch die Kentauren waren in der Mehrzahl und reklamierten den Krug daher für sich. Darüber erboste Herakles derart, dass er sie alle tötete, bis auf einen: Elatos. Diesem gelang es, dem Zornigen zu entwischen und im Haus seines Freundes Cheiron, einem weisen Kentaur, Sohn des Kronos, unterzutauchen. Doch selbst beim Anblick des Gemetzels, welches Herakles bereits angerichtet hatte, vergingen diesem noch immer nicht seine rachsüchtigen Gedanken. Es verlangte ihm auch noch nach dem Tod des einen Flüchtlings. Ach hätte er es doch gut sein lassen! Ein starker Wein muss es gewesen sein! Cheiron stellte sich dem Halbgott in den Weg: "Was willst du von Elatos? Wir haben mit ihm gearbeitet und gefeiert. Er ist einer der Unseren. Du bekommst ihn nicht!" Doch des Herakles Rachegelüste waren unersättlich. Oder war es lediglich sein berauschter Kopf, der ihn trieb? Wie dem auch sei, er

spannte auch seinen letzten, im Gift der Hydra getränkten, Pfeil und schoss. Cheiron, der sich zwischen ihn und den wehrlosen Elatos gestellt hatte, wankte und fiel. Der Pfeil hatte ihn mitten ins Herz getroffen. Herakles, der nun endlich seinen Frevel erkannte, zog ohne ein weiteres Wort von dannen. Andere, bessere Taten warteten noch seiner. Cheiron aber, da er als Sohn des Kronos unsterblich war, überlebte schwerverletzt, der Pfeil hatte nicht die Kraft besessen, ihn zu töten. Unsterbliche Schmerzen erlitt er. Also machte er sich auf, ein Gegenmittel zu finden. Cheiron suchte in ganz Griechenland, ganz Europa, im ganzen Lebensrad. Und obwohl ihm schon bald klar wurde, dass es zum Gift der Hydra kein Gegenmittel gab, suchte er weiter und sammelte so das gesamte Heilwissen seiner Zeit. Auch im letzten Winkel dieser Erde suchte Cheiron nach den Kenntnissen der Kräuterweisen, Heiler und Ärzte. Da er so auf seinem Weg immer mehr Menschen selbst heilen konnte, suchte er weiter und weiter. Es linderte seinen eigenen Schmerz, wenn er anderen aus ihrer Not und Krankheit half. Auch wenn Cheiron seine eigene Verletzung nie zur Gänze kurieren konnte, wurde er so zum größten Arzt seiner Zeit. Er gab sein Wissen freimütig an alle anderen weiter. Zu seinen Schülern zählte u.a. Asklepios, der Gott der Heilkunst, dessen Erzieher er wurde. Er lehrte diesen die Heilkunst, welche später dann von Asklepios an Hippokrates weitergereicht wurde. Asklepios selbst ward ein so mächtiger Heiler, dass es ihm sogar gelang, einen Toten wieder zum Leben zu erwecken. Ein Verstoß gegen die Göttliche Ordnung? Der erzürnte Zeus zumindest sah es so und erschlug den Asklepios mit seinen Blitzen.

Doch zurück zu Cheiron, dem guten Kentaur. Viele Helden wie Achilleus, Iason oder Theseus wurden zu seinen Schülern. Doch erst als Cheiron zuletzt freien Stückes auf seine Unsterblichkeit verzichtete, konnte er selbst wieder genesen.

Interessanterweise tauschte Cheiron, das Sinnbild des verwundeten Heilers, die eigene Wunde zum Preis der Sterblichkeit (Seele) ausgerechnet mit Prometheus, einem Gegenspieler der Götter. Genesung gegen Unsterblichkeit; seine vom Halbgott - stellvertretend für Zeus und die Götter - empfangene Verletzung konnte erst durch den Handel mit dem Dämon, dem Prometheus, erlöst werden. Das war der Deal und das war die Geschichte des Kentaur Cheiron, Sohn des Kronos. Jene des Prometheus ist eine andere.

Verschiedene Bewusstseinszustände

Als Druide beschäftige ich mich mit den unterschiedlichen Bewusstseinszuständen und allem Seelischen. Diese Zustände und Seelenbereiche lassen sich wie alles andere auch auf dem *erweiterten Medizinrad* lokalisieren. Zum allgemeinen Verständnis der folgenden Aufzeichnungen sollten insbesondere auch das <<DRACO-Druidenbuch>>, die <<Europäische Blaupause>> sowie die <<Landkarte der europäischen Seele>> mit seinem erweiterten schamanischen Weltbild herangezogen werden. Weitere Grundsätze der Heilung lassen sich ferner aus meinem <<Buch der Heilung>> entnehmen.

Die aus unserer Sicht wichtigsten Bewusstseinszustände des Menschen lassen sich wie folgt benennen:

1. Wachbewusstsein
2. gesteigertes Bewusstsein
3. bewusstes All-ein-Sein
4. unbewusstes All-ein-Sein
5. Tiefschlaf
6. Traum
7. physisch überlagertes Bewusstsein
8. emotional überlagertes Bewusstsein
9. mental überlagertes Bewusstsein sowie
10. spirituell überlagertes Bewusstsein

Im Folgenden werde ich diese Zustände näher erläutern.

Zu (1): Wachbewusstsein ist das von Betawellen dominierte Alltagsbewusstsein, welches bei jedem Menschen etwas anders ausfällt und darüber hinaus von unserer Grundposition im Lebensrad (Kindheit - Pubertät - Erwachsensein - Mittlebenschance oder Ältestenschaft) abhängt. Im Folgenden werden wir im Allgemeinen von einem reifen, erwachsenen Wachbewusstsein ausgehen, wie es von der Pubertät bis kurz vor den Tod überwiegt.

Zu (2): Unter gesteigertem Bewusstsein fassen wir hier (a) das *gesteigerte Wachbewusstsein* sowie (b) alle *schamanischen Bewusstseinszustände* zusammen. Vom gesteigerten Wachbewusstsein sprechen wir bei Trance- oder Ekstasezuständen. Als schamanische Bewusstseinszustände bezeichnen wir ferner jene der schamanischen Reise, eines gesteigerten Bewusstseins im engen Sinn (= Zustand der Kraft), bei welcher wir unsere alltägliche Wahrnehmung über ihre normalen Grenzen hinweg ausdehnen sowie des Channelings.

Beim Channeling wiederum werden nochmals zwei Formen unterschieden: die Besetzung (= „starkes Channeling"), bei welcher sich der besetzte nicht mehr an seine Aussagen oder Handlungen zu erinnern vermag sowie das "schwache Channeling" bei vollem Alltagsbewusstsein.

Es ließe sich natürlich noch vielfältig weiter differenzieren, doch wäre damit aus unserer momentanen Sicht keinerlei Nutzengewinn und somit auch kein qualitativer Erkenntnisgewinn mehr verbunden.

<u>Zusammenfassend lässt das Gesagte zu (2) also wie folgt darstellen:</u>

gesteigertes Bewusstsein
  gesteigertes Wachbewusstsein (Trance/Ekstase)
  schamanische Bewusstseinszustände
  schamanische Reise
  Zustand der Kraft
  Channeling
    starkes Channeling
    schwaches Channeling

Den hier genannten Bewusstseinsformen ist gleich, dass sie in der Regel in allen Postionen des erweiterten oder "seelischen" Medizinrades vorkommen können, wie wir es im Folgenden zugrunde legen werden. Nehmen wir also beispielsweise die Ekstase. Sie lässt sich - wie die anderen gesteigerten Bewusstseinszustände auch - sowohl im geistigen Osten, im sensitiven Süden, im empathischen Westen als auch im spirituellen Norden finden. Die entsprechenden Zustände dieser Richtungen werden also nochmals überhöht oder gesteigert. Eine Abbildung der Medizinrad-Karte sollte sich zum besseren Verständnis im Anhang befinden(!) Diese zu erstellen wäre Aufgabe des Verlags.

Zu (3) und (4): Unter bewusstem All-ein-Sein (3) verstehen wir einen vorübergehenden Zustand spiritueller, emotionaler und/oder mentaler Erleuchtung, in welchem wir uns als eins mit allem begreifen, aber immer noch zwischen uns und der Umwelt zu differenzieren wissen. Wenn es uns beispielsweise kalt wird, wir Hunger bekommen etc., erwacht erneut die Ich-

Empfindung und das bewusste All-eins-Sein verblasst. Das Ego, wenn man so will, wurde erneut geboren. Der Zustand bewussten All-ein-Seins (ohne Ego!), wird in der Mitte des Lebensrades lokalisiert. Er ist bewusst, all-eins, aber eben nicht dauerhaft anhaltend.

Demgegenüber ist das unbewusste All-ein-Sein (4) dauerhaft auf der Ebene des höchsten Bewusstseins angesiedelt. Es kennt keinerlei Unterscheidung, Raum oder Zeit mehr. Es ist dies das Bewusstseins des Gottwesens oder der siebten Oberwelt.

Zu (5): Der Tiefschlaf ist im westlichen Meer des Tiefenbewusstseins lokalisiert. Das Meer des Tiefenbewusstseins oder Tiefschlafs wischt alle Tagesträumereien von uns ab und eröffnet die Möglichkeit wahrer Transformation und Wunscherfüllung. Wir sprechen auch vom Ozean der Möglichkeiten. An seiner tiefsten Stelle befindet sich die Kristallhöhle der Heilung, welche von sirianischen Delfinen bewacht wird. Nur über sie gelangen wir Zugang zu diesem heiligen, heilsamen Ort.

Zu (6): Bei den Träumen beziehungsweise Inseln der Träume wird zwischen nördlichen und südlichen Inseln unterschieden. Südliche Träume sind Träume aufgrund ungelebter Wünsche oder Begierden. Die nördlichen Inseln der Träume hingegen beherbergen Träume der Transformation. Zu ihnen gehören auch Alp-, Angst-, und Schuldträume jeglicher Art. Diese speziellen Trauminseln sind in der Nähe des Nebels des Grauens

131

beziehungsweise der Sümpfe des Wahnsinns angesiedelt.

Die meisten Trauminseln bieten jeweils nur Platz für einen Träumer. Das heißt, selbst wenn wir mit gleichem Ziel (Absicht) zusammen zum Träumen aufbrechen und hierbei nebeneinander liegen, werden wir uns in 99,9% der Fälle auf verschiedenen, wenn auch benachbarten Inseln wiederfinden. Diese Inseln sind ebenso real wie das Festland des Alltags (Medizinrad), von welchem wir aufbrachen. Strittig ist jedoch die Frage nach ihrer Persistenz. Entstehen und versinken die Inseln mit und nach unseren Träumen im Meer des Tiefenbewusstseins? Oder sind diese Inseln von bleibender Dauer?[25] Spielt die Erinnerung an unsere Träume eine Rolle für deren Fortbestand?

Je weiter die Trauminseln im Westen liegen, desto phantastischer werden meiner Erfahrung nach die auf ihnen erlebten Träume. Immer jedoch handelt es sich hierbei um Realität!

Im Unterschied zu den Tagesträumereien im Reich des Morpheus, bei welchen es sich lediglich um die innerliche Verarbeitung von Tagesgeschehnissen handelt, finden die auf den Inseln der Träume erlebten Geschehnisse

---

[25] Im Gegensatz zu den Traumwelten kann der Kontinent des Alltagsbewusstseins (hier durch das gesamte mittelweltliche Medizinrad dargestellt) von mehreren Menschen gleichzeitig besucht und beurteilt werden. Selbst wenn sich unsere alltäglichen Wahrnehmungen niemals zu 100% decken, so ist wir doch der Auffassung, dass ihnen ein gleiches Phänomen zugrunde liegt. Zumindest haben wir uns auf diese Art der Anschauung geeinigt.

außerhalb unserer Seele statt. Oftmals sind die Tagesträumereien von den eigentlichen Träumen jedoch nur schwer zu trennen. Zumeist kommen Mischformen vor. Wir treten von einem Traum in den nächsten.

Manche Kulturen halten sogar unsere Träume für unsere eigentliche Wirklichkeit und den Ursprung aller Dinge. Für sie ist unser Alltagsgeschehen ein realitätsfernerer Daseinszustand als das Träumen. Für diese Kulturen sind Träume keine mit Alltagsbewusstsein interpretierbaren Geschehnisse, sondern es kann - umgekehrt - Alltagsbewusstsein einzig durch den Vorgang des Träumens verstanden werden.

Meines Erachtens handelt es sich bei beiden Bewusstseinsformen, dem Traum sowie dem herkömmlichen Wachbewusstsein, lediglich um andere Modi von Realität, so wie dies auch bei schamanischen Reisen der Fall ist. Auch unser Alltagsbewusstsein ist alles andere als objektiv, denn das in ihm Wahrgenommene unterliegt der ständigen Filterung, Wertung und Interpretation unsererseits. Insofern sind schamanische Reisen oder eben wie hier das Träumen durchaus ehrliche Formen des Erlebens. Ein zusätzlicher Erkenntnisgewinn ist in allen Bewusstseinszuständen möglich. Ich warne davor, hier eine strikt hierarchische Gliederung oder Wertung vorzunehmen nach dem Motto:

Drogen sind immer schlecht!
Träume sind nichts als Schäume!
Oder aber: Das Alltagsbewusstsein ist bloße Illusion!
Erleuchtung ist die einzige Erkenntnis! (Et cetera.)

Nein, dies alles stimmt nicht! Wichtig ist einzig und allein, ob es dir gut geht, mit dem was du empfindest, wahrnimmst oder tust.

Luzide Träume werden im Allgemeinen als Träume definiert, bei welchen der Träumer ein Bewusstsein davon hat, dass er gerade träumt. Es gibt jedoch auch noch eine weitere Art von Träumen, bei welchen der Träumer sich und seine Handlungen bewusst wahrnimmt und zugleich davon überzeugt ist, dass es sich hierbei um reales Geschehen im Hinblick auf seinen Alltag handelt. Beispielsweise steht er nachts auf und geht auf Toilette, um sich zu entleeren. Danach möchte er dann noch einen Schluck Wasser aus dem Hahn trinken, stellt aber fest, dass er dies nicht kann. Das Wasser fließt durch ihn hindurch. Vor lauter Schrecken erwacht er, stellt fest, dass es sich lediglich um einen Traum handelt und geht wieder zu Bett, um sich erneut schlafen zu legen.[26]

Der Träumer ist sich also seiner selbst bewusst und träumt so real, dass zunächst kein Unterschied zum Alltagsbewusstsein und den gewohnten linear-kausalen Alltagshandlungen festzustellen ist. Plötzlich läuft etwas grundlegend schief. Deshalb erwacht der Träumer in den eigenen Traum hinein, träumt aber weiter. Dieses in den Traum hinein zu erwachen kann eine Reihe von Malen erfolgen, wie es mir geschehen ist.

Im Übrigen ist auch diese Art des Träumens ein Hinweis darauf, dass es keine eindeutige Trennungslinie

---

[26] Beschreibung einer meiner eigenen Träume

zwischen Träumen, Realität, Erfahrung und Phantasie gibt. Diese Tatsache ist unsere eigentliche Wirk-lichkeit!

Vermutlich hätte ich, wäre das Wasser beim Trinken nicht durch mich hindurch gelaufen, niemals bemerkt, dass ich träumte. Ich wäre davon überzeugt gewesen, nachts aufgestanden zu sein, um mich zu entleeren und Wasser zu trinken.

Zu (7): Von einem physisch überlagerten Bewusstsein sprechen wir in erster Linie dann, wenn sich körperlicher Schmerz oder starkes körperliches Verlangen vor unsere normale Wahrnehmung legt. Bereits ein andauernder, pochender Zahnschmerz kann uns so in seinen Bann ziehen, dass wir nicht mehr in der Lage sind, "vernünftige" Gedanken zu denken.

Zu (8): Von einem emotional überlagerten Bewusstsein sprechen wir, wenn insbesondere "negative" Gefühle wie Angst, Hass oder Neid unser Alltagsbewusstsein überspielen und uns in den sogenannten Tunnelblick führen. Beheimatet wäre dieser Zustand im Westen des Rades, genau genommen am Rand der Mauer des emotionalen Dramas. Oder auch, wie im Falle von Depressionen, in einem Depressionstunnel der dritten Unterwelt. Meines Erachtens gibt es zudem eine im südlichen Viertel des seelischen Medizinrades (und von dort an die Mauer des emotionalen Dramas angrenzend) nicht explizit ausgewiesene Zone der Alltagsüberlastung.

Zu (9): Unter mental überlagertem Bewusstsein verstehe ich ein Sich-Verlieren im Geist, welches die notwendige

Erdung und die alltäglichen menschlichen Bedürfnisse verdrängt. Diese Menschen sind abgehoben, vergeistigt, vielleicht Künstler, aber zumindest momentan nicht in der Lage, sich um ihr ganzheitliches Wohlbefinden, geschweige denn um andere, zu kümmern. Sie leben gewissermaßen in einem intellektuellen Rausch.

Zu (10): Ein spirituell überlagertes Bewusstsein gleicht dem oberen Zustand (9), zeichnet sich aber weniger durch das Gefühl geistiger Überlegenheit aus, als vielmehr durch religiöse oder pseudoreligiöse Ehrfurcht und Ergriffenheit. *Pseudoreligiös* insofern, da zu echtem *re-ligio* immer eine ganzheitliche Rückverbindung zu allen Daseinsebenen und somit auch zum sinnlichen und materiellen Süden hin notwendig ist, welcher dem spirituellen Norden gegenüberliegt. Der spirituell Überlagerte oder "*over spirited man*" hingegen hängt in der *Mauer des materiellen Mangels* fest. Es fehlt ihm sozusagen an Bodenhaftung oder auch an Erdung.

Soviel zu den grundsätzlichen, mir bekannten Bewusstseinszuständen. Konkretisieren wir nun das bereits Gesagte weiterhin. Das Wesen des Lebensrades ist der Fluss[27]. Wir dürfen und sollten alle hier beschriebenen Bewusstseinszustände erleben und mit allen Sinnen begreifen, sprich uns dem Fluss anvertrauen und aus allen Quellen trinken, nur eben nicht in die Brunnen fallen und darin hängen bleiben. Manche wollen ewig jung bleiben. Andere weigern sich

---

[27] Vielleicht ist hierin sogar der Grund zu sehen, warum in der Mittelwelt des seelischen Medizinrads (im Gegensatz zu den unteren Welten) keine weiteren Flüsse verzeichnet werden. Das Rad an sich ist ein Fluss.

loszulassen. Wieder andere wollen das Glück festhalten, nicht sterben, nicht mehr zur Welt kommen usw.. Das Gemeinsame all dieser Menschen ist, dass sie sich nur schwer den stetigen Veränderungen in ihrem Leben stellen. Und in der Tat: Manche Bereiche des Lebensrades sind wie ein klebriges Netz. Hierzu zählen insbesondere auch die peripheren Bereiche: a) des Todes und der Ahnen (Norden), b) der Abstraktionen, Symbole und Systeme (Osten), c) der Süchte und Begierden (Süden) sowie d) der Träume (Westen). All diese Bewusstseinsregionen sind gut und sinnvoll. Wieder und wieder dürfen wir sie besuchen. Unsere Aufgabe ist indessen nicht, in den fernen Welten zu verweilen, sondern darüber hinaus immer erneut in die eigene Mitte, ins Zentrum des Rades zu gelangen.

Weder im Todestrieb noch in der Sucht, der Sexualität, dem Geist, der Trauer, dem Traum oder worin auch immer sollten wir allzulange verweilen, sondern uns permanent in einer nach oben hin geöffneten Spirale weiterentwickeln. Wir sind Besucher des Lebens. Das Medizinrad beherbergt uns. Doch wie sagt das Sprichwort? Gäste sind wie Fische. Nach spätestens drei Tagen fangen sie an zu stinken. Wir sollen und wollen aber nicht schimmeln, sondern leben. Dies bedeutet Veränderung! Begreife das Leben daher als deine Reise!

Doch seien wir andererseits auch nicht zu streng mit uns: An gar machen Stellen im Rad, dort wo wir uns wohl fühlen und für uns selbst sorgen, dürfen wir natürlich auch länger verweilen. Zu diesen Plätzen gehören u.a. die saftig grünen Hügellandschaften des Ostens

(Kindheit), die Lagerfeuer im Süden, Savanne und Wald des Westens (Feiern) und auch die Taiga als Reich des Morpheus im Norden des Rades (Schlaf). Die *Qualitäten* solcher Orte sind (wie wir sahen) beispielsweise das kindliche Spiel oder überhaupt die Freiheiten des Kindseins (Osten), Feiern mit fröhlichen Leuten (Süden), Orte natürlichen Lebens, des Mitgefühls, die Meditation (Westen) oder auch einfach der Tagesschlummer oder erholsame Schlaf (Norden). Diese Orte sollten ausgiebig ausgekostet werden.

Das Medizinrad, diese Welt, unser irdisches Dasein, ist ein Paradies. Nur wissen sollten wir eben, dass nichts von Dauer ist und unserer Entwicklung spiralförmig nach oben verläuft. Dies zumindest ist der Plan. Je öfter wir nun die benannten und bekannten Punkte und Regionen des Lebensrades durchlaufen haben, desto höher werden wir steigen. Wir tun dies von Tag zu Tag, Jahr zu Jahr, Leben zu Leben. Für jede Erfahrung auf diesem wundervollen Weg sollten wir dankbar sein.

Das Lebensrad selbst impft uns mit seinen eigenen Voraussetzungen und Notwendigkeiten. Unerbittlich führt es uns überall dorthin, wo wir noch keine ausreichende Impfung durch kosmische Eindringlinge[28] erlangt haben. Wir sollten es deshalb erforschen und ehren. Es fordert von uns mit allem, jedem Partner, jedem Land, jeder Landschaft, jedem Erreger, Gedanken, Ding, Gefühl, Pendel, Glauben, System etc. in Kontakt zu kommen und Erfahrungen zu sammeln. Nichts darf uns fremd bleiben, wollen wir jemals langfristig in die Mitte des Rades,

---

[28] siehe auch: Über die Gesundheit!

welche unsere eigene Mitte ist, gelangen oder uns gar durch die unteren Welten bis in die siebte Oberwelt, die Einheit von allem, hocharbeiten.

So bombardiert uns dieses Rad regelrecht mit seinen inneren und äußeren Eindrücken. Es impft und lässt uns hierdurch unaufhörlich wachsen. Das Sammeln von Erfahrungen ist seine eigentliche Währung. Die Frage ist lediglich, inwieweit wir all diese Angebote bis zu ihrem Extrem hin auskosten müssen. Braucht man beispielsweise den "totalen Krieg"!, um alle Schrecken einer militärischen Auseinandersetzung zu begreifen? Fast sieht es danach aus. Oftmals hilft uns aber auch der bereits in vergangenen Leben erworbene Erkenntnisschatz, um bestimmten Verlockungen zu entsagen. Die Erfahrung aller Drogen, sexueller Varianten, Aggressionen, Gefühle und Lebenssituationen oder Bewusstseinszustände inklusive Armut, Krankheit, Hass, Gewalt etc. scheint notwendig. Manchmal erfolgt eine *Impfung* in einem Leben aber auch geradezu "*en passant*" wie im Schachspiel, im Vorübergehen. Ein Eintauchen in negative Gemütszustände oder unliebsame Erfahrung ist dann nicht mehr notwendig, wenn diese bereits in vergangenen Leben gemacht wurden. In diesem Fall reicht eine einfache Berührung und man hat bereits alles - durch Erinnerung - ganzheitlich verstanden. Dort, wo entsprechende Erfahrungen allerdings noch notwendig sind, gesellen sich zur *Impfung* die entsprechenden mehr oder weniger intensiven Erlebnisse und Erfahrungen.

Erst, wenn die *Impfung* abschließend erfolgt ist, wir also *Immunität* erlangt haben, sind wir wirklich frei zu entscheiden, welche Erfahrungen wir in diesem Leben gerne wiederholen würden, was wir tun möchten und wovor wir bewahrt bleiben wollen. Wir werden zu *Makellosen*. In diesem Fall wird uns ganz nach unserem Willen gegeben, denn wir kennen und beherrschen die Regeln des Spiels, welches sich irdisches Leben nennt. Das Rad und seine Gesetze sind uns vertraut. Wir spielen damit.

Weitere Fragen

Kannst du etwas über die Unterschiede von Taiga und Tundra sagen?

Die *Tundra des Todes*, das Reich der Holle im nördlichen Viertel, liegt noch nördlicher als die *Taiga des Morpheus*. Von dort aus geht die Reise der Toten (genau genommen ihrer Emotionalseelen) weiter über das Nordkap zur Läuterungsinsel Thule und von dort über die Brücke ohne Wiederkehr ins Willkommenszentrum des Nexus. Das höhere Selbst hingegen verbleibt im Reich der Holle und wartet auf die Rückkehr der Emotionalseele zwecks erneuter Inkarnation. Gleiches gilt für komatöse Menschen. Sie erreichen vielleicht noch Thule, werden aber daran gehindert über die Brücke zu gehen. Auch alle weiteren Tore sind diesen Seelen versperrt. Beispielsweise die Rückkehr ins Leben oder das Tor einer weiteren Geburt.

Welchen Unterschied gibt es zwischen dem Reich des Morpheus und dem westlichen Meer unseres Tiefenbewusstseins?

Eine gute Frage. Der Schlaf im Reich des Morpheus, der Taiga, gleicht dem Schlaf einer Mutter, die auf die Geräusche ihres jungen Kindes lauscht. Die Bäume des Nordens schützen uns vor äußeren Einflüssen. Körper und Geist erholen sich, sind aber noch nicht ins Tiefenbewusstsein des westlichen Meeres eingetaucht. Bereits Kleinigkeiten können die ruhenden Körper durchs Tor der Geburt in neues Wachbewusstsein drängen/ werfen. Das Reich des Morpheus ist somit ein Reich des Schlummers. Seine Träume sind von einer Art, in welcher lediglich Tagesgeschehen verarbeitet wird. Sie gleichen schlichter Tagesträumerei. Weder wurde der Grund unseres Tiefenbewusstseins erreicht noch die wahren Inseln der Träume. Die Träume des Morpheus kommen also lediglich aus der eigenen Erinnerung. Diese ist in uns, unserem Gedächtnis, unseren Zellen. Es hat noch keine Reise durch den Brunnen des intuitiven Erahnens in äußere Welten des westlichen Meeres oder zu den Inseln der Träume stattgefunden. Einzig die Träume dieser Inseln offenbaren Erlebnisse in fernen, äußeren Welten, also mithilfe von außerhalb unseres Alltagsbewusstseins liegenden Begierden, Informationen, Geschichten oder Gegebenheiten.

Wie gelangt ein Schläfer vom Reich des Morpheus ins Meer des Tiefenbewusstseins?
Über den Brunnen des intuitiven Erahnens. Brunnen sind wie Tore. Sie lassen sich immer in beide Richtungen durchschreiten. Genauso wie der Schläfer durch den Brunnen des intuitiven Erahnens ins westliche Meer und von dort zu den Inseln der Träume gelangt, können auch Träume und Informationen des Tiefenbewusstseins durch den gleichen Brunnen ins Reich des Morpheus durchsickern.

Was ist der Unterschied zwischen nördlichen und südlichen Träumen?
Nördliche Träume sind Träume der Transformation, während südliche Träume Träume der Begehrlichkeit und Begierde sind.

Welche Bewandtnis hat es mit den Träumen? Träumen wir diese Welt oder träumt sie uns?

Mit dem Traum steigt aus den Nebeln des Westens fast immer die Frage nach dem Ursprung der Schöpfung. Träumen wir Träume oder sind wir das Produkt eines höheren Traumes? Wie ist unsere Welt entstanden? Ist sie lediglich erträumt? Jeder kennt diese Fragen... Die Antwort Spinnenkinds ist *sowohl als auch*. Wir sind die Kinder *Spirits*. Unsere menschlichen Seelen, wie uns die <<*Kosmologie der fünf Nächte*>> berichtet, entstammten der zweiten Liebesnacht zwischen Gott und Göttin und lebten zunächst weiterhin in deren sechster Oberwelt. Unsere sonstigen Körper (also der physische, emotionale und mentale) entwickelten sich erst späterhin. Stofflich gesehen ist der Mensch ein Kind von Mutter Erde und Vater Sonne und existierte nicht ohne diese.

Sind wir nun Kinder von Göttin und Gott wie es die Kosmologie der fünf Nächte berichtet oder Kinder von Mutter Erde und Vater Sonne?

Einerseits entstammen Mensch und Welt - wie auch alles andere - spirituell der Liebe zwischen Gott und Göttin und sind als solche Kinder der Liebe eines träumenden Gottwesens, das vorübergehende Ergebnis ur-ionischer Träume. Andererseits sind wir aber auch Kinder physischer Entwicklung und materieller Arbeit, der Erd- und Keimkräfte sowie der Sonnen- und Wachstumskräfte. Menschsein auf unserem Planeten war nicht immer einfach. Der Homo sapiens ist eine Kreuzung des Homo erectus mit Anunnaki-Genen. Zuvor bereits, vor etwa 5 Millionen Jahren, wurden die Vorläufer des heutigen Homo sapiens, also die ersten Hominiden, von plejadischen Atlantern gentechnisch als Kreuzung aus Menschenaffen und Lemuriern entwickelt, so wie noch früher, vor etwa 10 Millionen Jahren, die Menschenaffen eine Kreuzung aus Affen und lemurischen Menschen waren.

Wie kannst du dies so genau wissen?
Übe dich selbst in Geistesforschung und du wirst den Wahrheitsgehalt meiner Aussagen erkennen!

Was ist der Unterschied zwischen dem Land der Holle und jenem des Morpheus?
Diese Frage hatten wir doch eben gerade? Also gut, das Land der Holle entspricht dem nördlichen Teil des nördlichen Viertels. Es ist das Reich der ionischen Seelen. Es entspricht im Lebenszyklus dem Tod und vegetativ der Tundra. Am Brunnen des intuitiven Erahnens grenzt es an das Land des Morpheus, die Taiga, den südlichen Teil des nördlichen Viertels. Morpheus Reich ist ein Reich des Schlummers und der Tagesträumereien. Seine Nadelwälder stehen für die Baustellen unserer Seele.

Gibt es noch weitere als die oben bereits erörterten Bewusstseinszustände?
Es gibt unendlich viele Bewusstseinszustände! Die Wissenschaft besteht darin, sie in vergleichbaren *Qualitäten* zusammenzufassen.

144

Wie verhält es sich mit den Bewusstseins-, Gefühls- oder Geisteszuständen von Angst, Wissen, Macht, Tod und Liebe?

Du sprichst hier von den personifizierten Mächten des Fünferrats der sechsten Unterwelt. Angst wird beispielsweise im Angesicht der Macht Babylons und dessen Söldnertruppen erfahren, ebenso wie vor marodierenden Freischärlern oder anderen gewaltbereiten Gruppierungen aus der Peripherie. Ich denke hierbei an "Bärtige", "Glatzköpfige" oder selbst den anarchischen "schwarzen Block". Angst hat viele Gesichter. In den unteren Welten tritt sie uns in der zweiten und manchmal auch den noch tiefer gelegenen Unterwelten entgegen. Je nachdem, mit wie vielen *spirits* aus diesen Welten wir schon *geimpft* wurden und welche eigenen Schatten wir bereits in unser Seelengesamt integrieren konnten! Ein geeigneter Ort, um sich zu gruseln, sind ferner die Nebel des Grauens im Nordwesten unserer Seele. Aus Angst allerdings erwächst das Bedürfnis nach Wissen.

Wahres Wissen lässt sich in den vier Brunnen der Erkenntnis erfahren[29]. Jenes Wissen, welches uns heutzutage Schulen, Medien und Universitäten vorsetzen, ist zumeist unecht, verfälscht und oftmals sogar schädlich für den Frieden und das Wohlergehen aller. Aus Wissen erwächst Macht. Aus manipuliertem Wissen mehr Macht für jene, die es manipulierten.

---

[29] dem Brunnen des intellektuellen Verstehens im Osten, dem Brunnen des sinnlichen Begreifens im Süden, dem Brunnen des empathischen Erspürens im Westen sowie dem Brunnen des intuitiven Erahnens im Norden des Lebensrads.

Das Streben nach Macht ist ein Synonym für den grauen Strang. Wir haben hierüber bereits im Teil 1 unseres Vermächtnisses gesprochen. Die heutige Macht liegt noch immer zu nahezu 85% bei den zehn Bestimmerfamilien. Und dies, obwohl die Bestimmer bereits mit Vertreibung der Zetas aus ihren Basen der Macht im Ostgebirge und selbst aus dem Baal/Gral-Tempel kopflos wurden und dem Untergang geweiht sind. Mit der Macht kommt der Tod.

Der Tod ist ebenso wie die Angst, das Wissen und die Macht des Baal/Gral-Tempels ein integrativer Teil des seelischen Medizinrades eurasischer Prägung. Die umfangreiche mortale Präsenz im Lebensrad wurde bereits in der <<Landkarte der europäischen Seele>> aufgezeichnet. Sodann wächst im Angesicht des Todes die Liebe!

Was ist diese Liebe?
So wie auch der Tod an vielfachen Stellen im Lebensrad beziehungsweise im erweiterten druidischen Weltbild zu finden ist, so auch die Liebe.

Liebe begegnet uns beispielsweise...
- als Venus aus dem Haus der Feuergötter;
- als Venus im Fünferrat der sechsten Unterwelt;
- als Wolke Sieben der Liebenden in der zweiten
    Oberwelt
- als Nemeton oder Zentrum der Eigenannahme und
    Selbstliebe
- als empathische Nächstenliebe des Westens (Agape);
- als Liebe von Mutter Erde (Dana oder Jörd) für alle ihre
    Geschöpfe
- als Liebe der Kinder zu ihren Eltern im Osten
- als Mutter- oder Vaterliebe des Südens und auch
- als Liebe zu Gott und den Göttern (von der dritten
    Oberwelt an aufwärts)
- Liebe Satans und Liliths zur unbedingten Freiheit aller
    Menschen, welche oft missverstanden wird...

Spätestens nach dieser Aufzählung sollte man guten Gewissens behaupten können, dass die Liebe das gesamte Rad durchdringt!

Was hat es mit der Gier und dem Hass in der Welt auf sich?
Gier ist kein natürlicher Zustand, sondern entspringt der Sehnsucht nach Macht aufgrund unverarbeiteter Schatten und Ängste der unteren Welten. Hass hingegen ist eine menschliche Reaktion auf die Gier anderer Menschen. Wäre die Gier nicht, so gäbe es auch keinen Hass in der Welt.

Welcher Art sind das Gebirge der Macht im Osten und die Wüste der Sehnsucht im Süden?

Über die nördlichen Länder der Toten, den Nexus und den Prozess von Sterben und Wiedergeburt habe ich mich bereits in anderen Büchern ausgelassen. Vorhin sprachen wir vom Meer des Westen. Deshalb bin ich dir für deine Frage dankbar. (*Lachen*)

Das Gebirge der Macht wird von Festungen der Macht durchzogen. In dem Maße, wie die Bestimmerfamilien die geistigen Systeme des fernen Ostens blockieren und für ihre Zwecke missbrauchen, festigen sie ihre eigene Macht. Zwar gibt es noch immer Wissens- und Freiheitsschmuggler, welche die geheimen Bergpässe des Ostens überqueren, um das Verständnis (Wissen) allgemein zugänglich zu machen, doch wird diese Aufgabe von mal zu mal immer schwieriger und gefährlicher. Das Bestreben der Bestimmer ist es, auch noch die letzten Schlupflöcher freien Wissens zu schließen.

Die Ursache der Gier ist - wie bereits gesagt - die Angst und die damit einhergehende Sehnsucht nach Macht. Wem es also nicht gelingt, die Schatten der zweiten und dritten Unterwelt zu integrieren, lebt in ständiger Angst und nutzt die Brunnen der Weisheit, insbesondere des Ostens (= Intellekt) und des Südens (= Materie), um Macht zu erlangen und sich so eine Festung im Gebirge des Ostens zu sichern.

<u>Die Gier an sich hat also keinen natürlichen Platz im Lebensrad?</u>
Gier ist kein primäres Gefühl, natürlicher Geisteszustand oder etwas ähnliches, sondern lediglich eine Reaktion auf unverarbeitete Schatten aus den unteren Welten. Durch die Überbetonung des Kognitiven und Materiellen durch die Bestimmerfamilien kommen das Gefühl und die Spiritualität zu kurz in unserer Welt. Darauf beruht das aktuelle Ungleichgewicht, die massive Schieflage!

<u>Wo befindet sich Asgard?</u>
Asgard befindet sich in der zweiten (*Walhalla*), dritten (*Idafeld*) und vierten (*Hlidskjalf*) oberen Welt. Es besteht aus dreizehn Palästen, unter ihnen *Gladsheim (Glanzheim)* mit Odins Palast und dem unterirdischen Saal *Walhall*; *Bilskirnir*, der Palast Thors mit wiederum 540 Räumen und ebenso vielen Toren; *Valaskjalf*, der Palast Valis mit Odins Thron *Hlidskjalf*; die *Himmelsburg (Himinbjörk)*, der Palast Heimdalls; *Folkwang (Volksfest)* mit Freyjas Palast *Sessrumnir* oder *Fensalir*, der Palast Friggs. Im Zentrum des *Idafeldes* steht der Baum *Lärad* mit der Met spendenden Ziege *Heidrun* und einer Quelle aus welcher dreizehn Flüsse entspringen.

Gesundheit aus Sicht des Lebensrads

"Die Heilkunst liegt immer an der Schnittstelle von Metaphysik und therapeutischem Handwerk."

Es bleibt uns eine erneute Beschäftigung mit Heilsein aus Sicht des Medizinrads. Problematisch als solches ist nicht die Gesundheit, sondern die Krankheit, welche sich zeigt, wenn erstere weicht. Das entstehende Ungleichgewicht kann physische, emotionale, mentale oder spirituelle Gesichter tragen.

Beispiele:
- physische Erkrankung: Erkältung, Beinbruch, Kopfschmerz etc.
- emotionale Erkrankung: Wut, Hass, Neid etc.
- mentale Erkrankung: Stumpfsinn, Hybris, Wankelmut etc.
- spirituelle Erkrankung: Verblendung, Fanatismus, Atheismus etc.

Wo auch immer das Ungleichgewicht vorliegt, ist die Ursache von Krankheiten fast immer die gleiche. Es sind *Eindringlinge* kosmischer Welten, die außerhalb unserer eigenen Seele liegen und uns heimsuchen. Es sind Wesen, mit deren Essenz noch keine hinreichende *Impfung* stattgefunden hat. Deshalb befallen sie uns, ohne dass sich unser Immunsystem ausreichend zur Wehr setzen könnte. Sie durchdringen die Schutzschilde unserer ionischen, mentalen, emotionalen und physischen Körper. In dieser Reihenfolge von außen nach innen.

Merke: Krankheit entsteht niemals in unserem Körper, sondern kommt immer von außen, indem sie sich schrittweise durch die jeweils schwächste Stelle unserer Auren und Schilde frisst!

- *Schadhafte Glaubenssysteme*
- *Schlechte Gedanken*
- *Negative Gefühle*
- *Im physischen Körper manifestierte Krankheit*

Beim Weg zurück ins Heilsein müssen alle diese Dinge bedacht werden:

- *Gesunde Ernährung und Verhaltensweisen*
(anstelle von einem Übermaß an Medikamentierung)
- *Positive Gefühle (auch durch Sozialkontakt etc.)*
- *Gedanken der Heilung und regenerierender Körper*
- *Wissen ums Eingebettetsein in ein Höheres Selbst*

Für weiterführende Gedanken zum Thema Gesundheit und Heilung verweise ich nochmals auf meine Bücher <<*Landkarte der europäischen Seele*>> sowie natürlich das <<*Buch der Heilung*>>.

Persönliche Gedanken des Glaubens und des Zweifels

Ich bin nicht frei von Ängsten und Zweifeln. Dieser Eindruck sollte an keiner Stelle entstehen, denn er wäre falsch. Ich bin zutiefst menschlich und stelle mich dieser Verletzlichkeit. Ich bin ein Krieger, Barde und Druide. Doch diese Werte und Selbstattribute sind zugleich mein einziges Fundament. Selbst sollte ich in meinen Leben bereits 333 Prüfungen bestanden haben, so wäre ich doch noch immer eine Null und keine 333, hätte ich das entsprechende Bewusstsein nicht.

Gibt es den *Allgeist*, das Gottwesen, wirklich? Ich gehe rational an diese Frage heran und beantworte sie mir selbst:

"Ja, denn das Universum existiert und ist mit diesem identisch."

Gibt es unsere galaktische Zentralsonne wirklich[30]?

"Ich kann mich auf seine Gammastrahlen unablässiger Liebe einstellen, also muss es sie geben. Wenn ich mich darauf einstelle, kann ich ihre Präsenz fühlen."

Wird Tugend wirklich mit Gerechtigkeit, Güte mit Treue und Großherzigkeit mit Fülle und Segen entlohnt? Wie oft traf ich Menschen, die sich im Leben aufopferten und sich dann diese oder eine ähnliche Frage stellten. Meine Antwort stammt aus dem Glauben:

---

[30] Die monotheistischen Religionen sprechen an dieser Stelle von El (Gott).

"Eindeutig ja! Ich spreche hier allerdings nicht von diesem oder dem nächsten Leben, sondern von der Unendlichkeit. Die Spanne von 100 Menschenleben ist bei diesen Dimensionen eher zu vernachlässigen. 100 Leben Gerechtigkeit machen noch keinen Meister!"

Ich bin ein gewöhnlicher Mann, nicht sonderlich groß, keine tiefe Stimme. Gerade heute Nacht plagten mich Träume und Ängste der Arbeitslosigkeit und des Versagens. Jetzt aber, am frühen Morgen dieser Worte, kann ich sagen:

"Es gibt nichts, was der wahre Mensch zu befürchten hätte. Selbst wenn sich unsere übelsten Visionen hinsichtlich der Bestimmer, dem Chip und dem Untergang alles Menschlichen im Osten, Süden und Westen dieser Welt bewahrheiten würden, so wäre selbst dies nicht von Bedeutung oder Dauer. Da sind noch ganz andere Dinge, die auf uns warten. Vielleicht keine zweite Erde (wenn ich persönlich auch davon überzeugt bin, dass es im Universum an Leben nur so wimmelt - und zwar in allen uns bekannten Formen und darüber hinaus), aber doch eine zweite Heimat. Manche mögen sie als geistige Welt bezeichnen. Persönlich stamme ich aus den Nebeln des Orion. Ich erinnere mich, das Wissen stammt aus meinen Zellen. Nach einem abschließenden Leben in Indien voller Sexualität und Erleuchtung hoffe ich eben dahin zurückkehren zu dürfen."

Ganz ehrlich? Ich glaube viel und weiß doch überhaupt nichts! Nichts über Gesundheit, nichts über Gott und andere Götter! Nichts über mich oder dieses Universum! Gar nichts! Nichts! Nichts! Nichts!

Also berufe ich mich auf *spirits*, Ahnen, Elemente und höhere Wesenheiten....

Von den Bandkeramikern[31] wurde gechannelt:

"Dort, wo das Westmeer
auf die Gestade der großen Südwüste trifft,
findet sich - eingegraben zwischen Sand und Meer -
der Kessel der Wiedergeburt.
In ihm lassen sich alle zukünftigen Leben schauen.
Ihm im Nordosten gegenüberliegend,
wo die Länder der Ahnen ans Ostgebirge stoßen,
liegt auf einem Felsplateau
der große Schädel der Erkenntnis.
Begibst du dich in sein Inneres,
wird dir alles Wissen der Welt zuteil.
Stelle drei Fragen!
Dort, wo sich das große Ostgebirge
in der Südwüste verläuft,
ist die Höhle des Schicksals.
Wirf einen Blick hinein und staune selbst!
Im Nordwesten jedoch sind die Nebel des Grauens."

Aus dem Nebel des Grauens wird im Übrigen gelegentlich auch ein Nebel der Trauer.

---

[31] aus meinem zur Zeit noch nicht veröffentlichen Buch: <<Der Weg der Bandkeramiker>>

Die folgenden Beispiele aus der eigenen Praxis beschäftigen sich zunächst mit herkömmlichen Unterweltreisen und gehen sodann zum eigentlichen Thema dieses zweiten Teils meines Vermächtnisses über, dem *Heilen mithilfe des erweiterten, seelischen Medizin- oder Lebensrads.* Ich versuche hierbei neben der Lokalisierung von Krankheit im Lebensrad insbesondere auch auf natürlich korrespondierende Behandlungsmöglichkeiten abzuzielen. Alle Namen wurden selbstverständlich geändert.

Beispiele aus der eigenen Praxis
Erste Unterwelt: Martin war fast immer kraftlos und klagte über Lustlosigkeit sowie darüber, dass er morgens nie wisse, wozu er sich aus dem Bett erheben sollte. Für mich ein klassischer Fall vom Verlust der Fähigkeit, mit der Ebene der Kraft hinter den Schleiern des Alltags in Verbindung zu treten. Ich bildete Martin im schamanischen Reisen aus (hier: Imagination des Kraftplatzes; Vervollkommnung des schamanischen Reisekörpers; Wahrnehmung des Kraftplatzes; Tunnel in die Unterwelt; Ankunft in der Unterwelt; Suchen und Finden des Krafttieres). Nach anfänglichen Schwierigkeiten in die Unterwelt vorzudringen erwies sich Martin als ein geschickter Krafttiersucher. Später half er mit seinen neu entdeckten Fähigkeiten mindestens zwei weiteren Menschen auf der Suche nach ihrem eigenen Krafttier. Der Brückenschlag vom grauen Alltag in die aufregenden Erfahrungen der Anderswelt war geglückt. Zusätzlich riet ich Martin zur Ernährungsumstellung und täglichem - in ein magisches Programm eingebetteten - Sport. Inwieweit sich Martin auch an diese Empfehlungen hielt, weiß ich leider nicht.

Dritte Unterwelt: Uwe litt bereits seit Jahren an Depressionen. Trotz seiner Zuwendung zu einer christlichen Kirche gelang es ihm nicht, Herr darüber zu werden. Da ich ihn von früher aus einer Männergruppe her kannte, vertraute er sich mir an. Einem Fremden gegenüber hätte er einen geführten Abstieg in die dritte Unterwelt aufgrund seines Glaubens vermutlich verweigert, so aber war er trotz "christlicher" Bedenken mit dem Wagnis einverstanden. Es gelang mir, Uwe in einen Zustand der Tiefenentspannung zu versetzen und gemeinsam mit ihm durch die Ebenen der Kraft (erste Unterwelt) und der Schatten (hier: zweite Unterwelt) in die dritte Unterwelt hinunterzusteigen. Tatsächlich erkannte sich Uwe schon bald selbst in einem der dortigen Depressionstunnel wieder. Er vereinigte sich mit diesem verloren gegangenen Seelenanteil (indem er in diesen hineintrat) und folgte dem Licht am Ende des Tunnels, so wie ich es ihm geheißen hatte. Zurückgekehrt ins Alltagsbewusstsein der Praxis folgte eine rituelle Neugeburt mit allen vier Grundelementen: Wir räucherten nochmals (Luft/Osten) und entzündeten einer Dankeskerze (Feuer/Süden). Zudem taufte ich ihm mit heiligem Ostarawasser (Westen) und schenkte ihm einen Lebenskristall für sein neues Leben (Erde/Norden). Nach etwa zwei Wochen, in denen sämtliche Niedergeschlagenheit ausgeblieben war, rief Uwe mich wieder an und bedankte sich nochmals ausführlich für die Behandlung. Seine Gegeneinladung auf einen Besuch in seiner Kirchengemeinde schlug ich allerdings aus. Nach etwa einem Jahr traf ich Uwe noch einmal im Schwimmbad. Es schien ihm nach wie vor gut zu gehen.

Länder der Abstraktionen, Symbole und Systeme: Franz litt an Kniescheibenproblemen. Er konnte sich zwar normal bewegen, doch ab einer gewissen Belastung (z.B. Schneidersitz) drohten diese heraus zu springen. Zugleich sprach er bei mir von einer gewissen "mentalen Erkrankung". Er könne keine klaren Gedanken fassen. Auf einer schamanischen Reise zu seinen Themen sah ich u.a. eine Fledermaus und einen Falken, welche sich in jeweils einem Meter Abstand zu seinen Knien befanden. Sie wurden von mir als deren Hüter empfunden. Bei der anschließenden Sitzung rückte ich seinen Kopf zunächst energetisch gerade. Seine Aufgabe war es von nun an, die Klarheit seiner Gedanken, selbst wahrzunehmen und zu würdigen. Da war Unsicherheit. Da waren Zweifel. Da waren widersprüchliche Einschätzungen. Aber der Mentalkörper von Franz an sich war intakt. Er selbst durfte eine entsprechende positive Wertung seiner eigenen Gedanken vornehmen. Sodann fragte ich Franz, ob es für ihn in Ordnung wäre, wenn ich diese beiden Tiere bitten würde, direkt in seinen Kniescheiben Platz zu nehmen und über diese zu wachen. Seine Aufgabe wäre es dann, mit den beiden Tieren selbst in Kontakt zu treten, um sich so gemeinsam um die bestmögliche Behandlung der Knie zu kümmern. Nach kurzem Locken bestätigte er mir die Ankunft der beiden Tiere in seinen Knien. Wahrscheinlich hatte ich ihn aber zu früh entlassen. Ich vermute, dass seine nachträglichen Zweifel an der Behandlung, auch wenn für den Augenblick alles geklärt war, später wieder die Oberhand gewannen. Zumindest habe ich diesbezüglich nichts mehr von ihm gehört. Nach etwa einem halben Jahr schrieb ich ihm eine Mail, dass mir die *spirits* mitgeteilt hätten (dem war so!), dass es nun an der Zeit wäre, die beiden Kniewächter wieder zu entlassen - die bloße Willensabsicht wäre ausreichend, um wieder sprichwörtlich selbst auf eigenen Beinen zu stehen.

Möglicherweise war mein Vorgehen in Bezug auf die Kopfsymptomatik Franzens auch falsch. Ein energetisches Geraderücken und Zurechtschütteln seiner Gedanken nützt nichts, wenn nicht zugleich die zugrundeliegenden Ursachen des Zweifels an den eigenen Denkvorgängen beseitigt werden. Wäre es sinnvoller gewesen, Franz auf eine Reise in die Länder des fernen Ostens, der Abstraktionen, Symbole und Systeme zu schicken? Welche eigenen Antworten hätte er dort gefunden?

In der Wüste der Sehnsucht: Gisela war im Alltag mit der Pflege ihrer Mutter; unsicherer Partnerschaft und dem alleine Erziehen von drei Kindern überlastet. Der Schrei ihrer Seele brach sich Bahn in körperlicher Krankheit. Ein Tumor tauchte auf und verschwand ebenso rätselhaft wieder. Monate später diagnostizierte man Gisela *Multiple Sklerose*. Für manche gleicht dies einem Todesurteil, nicht so für sie. Mit dieser Diagnose und einer Lähmung ihres rechten Beines erschien Gisela in meiner Praxis. Nach einem längeren Gespräch, bei welchem ich ihr auch die Grundzüge des seelischen Lebensrades erläutere, lokalisierten wir ihre Position im südlichen Viertel, am Rande der Wüste der Sehnsucht. Neben einem zusätzlichen Coaching hinsichtlich besonderer Ernährung (hier u.a.: die Einnahme von Weihrauch gegen MS) machten wir uns gemeinsam auf den Weg, die Durststrecke der südlichen Wüste bewusst Richtung Westen zu durchqueren. Unser Ziel war es, zum Kessel der Wiedergeburt zu gelangen. Gisela war ergriffen, wollte aber aber nicht mit mir teilen, was sie dort sah. Sie bezahlte mich großzügig und ging. Nach etwa einen halben Jahr schrieb sie mir auf meine Nachfrage hin, MS bedeute <<Multiple Stärke>> und dass es ihr von Tag zu Tag besser ginge, zumal eine Schwester nunmehr die Pflege der Mutter übernommen hätte. Zwei Jahre später, wir waren noch immer in losem Kontakt, legte sich Gisela einen VW-Bus zu und brach mit ihrer jüngsten Tochter Richtung Spanien auf, was - glaube ich - ihr großer Wunsch gewesen war. War es diese Reise, die sie im Kessel der Wiedergeburt erblickt hatte? Wie ich erfuhr, war es ihr gelungen, ihre familiären Angelegenheiten gänzlich zu lösen, was u.a. eine Trennung in Freundschaft von ihrem damaligen Lebensgefährten beinhaltete. Von ihrer einstigen Prognose "MS" und der Lähmung ihres Beines will sie heute nichts mehr wissen. Es bestehen keinerlei Anzeichen mehr in diese Richtung.

Land des Alkohols: Hans-D. kam aufgrund einer angeblichen Verhexung durch einen anderen Schamanen in meine Praxis. Bei meiner Reise zu diesem Thema leuchtet ein großes Schild "SUCHTPROBLEME!" vor meinem geistigen Auge auf. Auch als der Klient hier eintraf, ließ sich nichts von einer "Verhexung" erkennen. Augenscheinlich waren jedoch die Alkoholprobleme, die ihn sich selbst verwünschen ließen. Wir behandelten Hans-D. zu dritt. Einen Durchbruch brachte jedoch erst eine geführte Reise ins Land des Alkohols, aus welchem Hans-D. schreckliche Details zu berichten wusste. Sein Standort war also eindeutig keine "unfreiwillige Verhexung" (also beispielsweise in der zweiten Unterwelt), sondern der „freiwillige" Aufenthalt in den Ländern der Süchte und Begierden, dem Königreich des Alkohols selbst. Hans-D. kam aus Deutschlands Norden angereist und wurde hier in einen noch ferneren Süden geleitet. Seine einzig mögliche Behandlung war professionelle Betreuung in einer Klinik für

Alkoholkranke. Erst die Reise ins Königreich des Alkohols ließ in ihm den Willen reifen, sich dieser Verantwortung zu stellen. Bei seiner Ankunft hier hatte er noch auf einen fernen Hexer projiziert, jetzt lag das Schicksal wieder in seinen eigenen Händen. Ich hoffe sehr, dass er durchgehalten hat und es ihm gut geht!

Land des Cannabis: Doris war über die gewöhnliche Nutzung von Hanf - als einer der Freuden des Südens - durch die Wüste der Sehnsucht in ein (dem Alkoholrausch benachbartes) Königreich des Cannabis gelangt und fand nicht mehr den Weg zurück ins Alltagsbewusstsein, sondern kiffte un-entwegt. Die Wüste der Sehnsucht schien ihr zu groß und ungewiss, als sie erneut eigenständig in Richtung Norden zu durchschreiten. Sie vertraute auch keinem der nomadischen Führer dieses Gebietes. Also wählten wir unter Vermeidung der Südwüste einen Weg zur Höhle des Schicksals. Überraschenderweise schien es Doris nichts auszumachen, hierbei auch andere Königreiche der Süchte und Begierden zu durchqueren. Sie kommentierte selbst die darin "zur Schau gestellten" Abhängigkeiten. Der kleine "Rückschritt" oder "Umweg" in den Südosten des Lebensrads (anstatt wieder direkt in Richtung Norden ins alltägliche Leben aufzubrechen), lohnte sich. Doris erkannte in der Höhle des Schicksals ihre eigene Flucht aufgrund des "schlechten Einflusses ihres damaligen Lebenspartners" und erklärte sich damit einverstanden, sich erst dann wieder auf die mächtige Hanfdeva einzulassen, wenn es ihr geglückt wäre, sich von ihrem Partner endgültig zu trennen. Diese Bilder zumindest erschienen ihr wie in einem Kino auf den

Wänden der Höhle. Doris, die ich von Zeit zu Zeit treffe, hat sich im echten Leben zwar noch immer nicht von ihrem Partner getrennt, aber dennoch seit dieser Reise an keinen einzigen Joint mehr gezogen. Sie ist noch immer dabei, sich mit ihrem Partner zu arrangieren und zu ergründen, was sie an ihm - trotz aller Misere - festhalten lässt. Bei all dem wirkt Doris mittlerweile viel aufgeräumter als damals, als sie zu mir kam und um Hilfe fragte.

Inseln der Träume: Susanne wurde von wiederkehrenden Angstträumen geplagt. Angst ist als Gefühl im Westen beheimatet. Dort, am Brunnen des empathischen Erspürens, starteten wir unsere Reise. Zunächst begaben wir uns nach Empathia, der Hauptstadt des Westens, um uns für die bevorstehende Expedition zu rüsten. Unser Reiseziel war das Meer des Tiefenbewusstseins. Von dort aus wollten wir zu den Inseln ihrer Träume (*"im Nordosten des fernen Westens"*) gelangen. Am Strand ihrer Insel des Alptraumes gelandet, entfachte Susanne zunächst ein großes Feuer, was ihr Sicherheit zu verleihen schien. Ihre Aufgabe war, den Traum, in welchem sie regelmäßig von zwei Männern verfolgt und vergewaltigt wurde, auf dieser schamanischen Reise zu einem guten Ende zu träumen! Ich begleitete sie lediglich bis zu "ihrer" Insel. Von hier aus musste sie alleine weiter träumen. Es war ihr Traum! Und tatsächlich: Als die Männer erschienen und sie packen wollten, leuchtete sie ihnen ins Gesicht und diese verwandelten sich schlagartig in zwei kleine Mäuschen. Susanne musste lachen. Die schamanische Reise brach also an dieser Stelle ab, meines Wissens aber kehrte der

162

entsprechende Traum nie wieder. Zumindest nicht in den nächsten drei Monaten, nachdem ich mich diesbezüglich noch einmal bei ihr erkundigt hatte.

Anders als bei unseren vergleichbaren Interpretationen des "Kontinents unsere Alltagsbewusstseins" unterliegt das *Zuendeträumen unseres Traumes* auf einer schamanischen Reise keinerlei konventionellen Beschränkungen.

Die Visionssuche und der Norden: Ulf suchte seine Bestimmung in der Welt. Zudem lag ein Bedürfnis nach Klärung seines Mannseins vor. Für eine Jugendleite war er bereits zu alt. Diese sollte unseres Erachtens spätestens mit Erreichen des 21ten Lebensjahres erfolgt sein. Gemäß dem DRACO-System kam allerdings eine Visionssuche in Betracht. Eine Idee, die von Ulf auch begeistert aufgegriffen wurde. Die Visionssuche (*Útiseta*) geleitete den im Anfang des Südens stehenden jungen Mann über die Gefühle des Westens (Erwartungen/ Ängste) ins Geistreich des Nordens (hier: vier Tage fastend in freier Natur). Genau genommen durchlief er während dieser Zeit den gesamten Norden vom Nordwesten (Räuchern im Schwellenkreis) bis hin zum Tor der (Neu-)Geburt im Nordosten. Auf der Reise selbst begegnete Ulf u.a. seiner Anima in Form eines Geistwesens, welches aus ihm hervorwuchs und ihn umschlang, sowie seinem Geistvater und einem eigenen Geistsohn. Die Brücke der Generationen von Vater zu Mann und zu Sohn wurde so von ihm geschlossen. Ulf war spätestens mit dieser Vision zum Mann geworden, was ich ihm so auch bestätigte! Ein neuer Lebenszyklus liegt nun vor ihm.

Von allen hier geschilderten Personen wurden die Namen geändert. Ihr Alter lag zwischen 25 und 60 Jahren. Ich frage meine Klienten normalerweise nicht nach ihrem Alter (oder vergesse dieses bald darauf wieder). Eine grobe Einordnung in Ost (Kindheit); Südost (Pubertät); Süd (Reife; etwa vom 21 bis zum63. oder 70. Lebensjahr); Südwest (Mittlebenschance; etwa 42 bis 49 Jahre) und West (Ältestenschaft) genügt mir im Allgemeinen. Die vielleicht einzige Ausnahme von dieser groben Einordnung ist, wenn sich bestimmte Lebensschicksale meiner Klienten in genau jenem Alter ereignen, wo bereits eines ihrer Elternteile (oder Großelternteile) dasselbe durchlitt. Es werden hierbei nämlich gewisse Muster übernommen oder aber der Klient möchte(zumeist unbewusst) eine gewisse, so empfundene Schuld oder auch Leid seines Stammbaumes mittragen.

Weitere Behandlungsmöglichkeiten und mögliche Ausnahmen von der Heilung mithilfe des Medizinrades

Im Falle von Knochenbruch empfehlen wir weiterhin die Chirurgie. Frühere Schamanen konnten auch die Knochen heilen; spätere werden es wieder können. Die Schamanenkraft ist momentan wieder von Lehrer zu Schüler im Zunehmen begriffen. Momentan allerdings erscheint uns die *südliche* Chirurgie hierfür am besten geeignet. Gleiches gilt für Zahnschmerz. Der Gang zum Zahnarzt wird empfohlen.

Ansonsten gelten zur Vorbeuge und Behandlung: ausgewogene Ernährung, schamanisch-magisches Denken, realistische Esoterik und ausgeglichene Lebensgewohnheiten. Unter *realistischer Esoterik* verstehe ich die permanente Rückkopplung unserer Überzeugungen von der Beschaffenheit der Welt mit den tatsächlichen Gegebenheiten!

Ein luzider Traum

Kürzlich leitete ich ein schamanisches Seminar "In die Kraft kommen!" in Erfurt. Die Nacht verbrachte ich im Campingbus, irgendwo außerhalb der Stadt, irgendwo im Nebel des Nirgends. Es war November. Des Nachts hatte ich einen interessanten, luziden Traum. Ich war mir also bewusst zu träumen und konnte zugleich meine eigenen Reaktionen auf die mir dargebotenen Trauminhalte steuern. Durch das Land des Morpheus, den Brunnen des intuitiven Erahnens und das Meer des Tiefenbewusstseins war ich auf eine interessante Trauminsel geraten. Zunächst suchten mich drei *Schabernackkinderseelen* auf, als solche stellten sie sich mir zumindest vor und veranstalteten allerlei Unfug im Fahrzeug. Sodann kamen immer mehr Traumgestalten an meinen Bus, rissen die Tür auf und veranstalteten außerhalb eine Grillparty. Als die letzten Gäste endlich gegangen waren und ich erschöpft einschlafen wollte, wuchsen mir Adlerflügel aus dem Rücken. Nie werde ich das Hochgefühl beim Schlag der Schwingen und die meinen oberen Rücken durchflutende Wärme vergessen, die mich durchströmte. Majestätischer noch als der Flug selbst über die nächtliche Stadt war das kraftvolle, energetisierende Gefühl bei der perfekt ineinander greifenden Bewegung beider Schwingen. Bereits kurz hinter Erfurt lag in meinem Traum das Ostgebirge.

Das Adlerhafte in mir wurde so zum Vermittler des reinen schamanischen Geist.

Geistig minderbemittelte, aggressive, gestresste und verrückte Menschen

Wenden wir uns jetzt noch vier besonderen Menschengruppen zu, nämlich geistig minderbemittelten, aggressiven, gestressten und verrückten Menschen.

Geistig Minderbemittelten helfen geführte Reisen in die Länder des fernen Ostens, die Länder der Abstraktionen, Symbole und Systeme. Dies entspricht der Heimat des Geistes im Reich der aufgehenden Sonne. Ihr "Unterbelichtetsein" kann dort zumindest ansatzweise behoben werden. Oftmals entwickeln sie hier sogar erstaunliche "Inselbegabungen". Zum Glück ist eine derartige Heilreise in das alte Wissen des Ostens von Seiten der Mächtigen nicht verboten worden, denn sonst müsste sie im Geheimen erfolgen.

Im Hinblick auf die Besetzung der Ostberge durch die Bestimmerfamilien und ihre Vasallen lässt der Uradler, der Vater aller Schamaninnen und Schamanen, mitteilen, dass er höchstpersönlich darüber wacht, dass Reisen in den fernen Osten mit der Absicht der Heilung nach wie vor jederzeit möglich sind.

Aggressiven Menschen werden Reisen in die Wälder und Savanne des Westens empfohlen. Dort können und sollten sie ihre Kreativität freisetzen und den Zorn lösen.

Für gestresste Menschen eigenen sich Reisen in die Ruhe und Kühle des Nordens. Hier können sie eine andere Sichtweise einnehmen und sich vom ewigen Stress und der Hitze von Metropolis erholen. Mit der

Dunkelheit und Kälte kommt auch die notwendige Verlangsamung und Linderung ihrer ständigen Anspannung.

Und schließlich eine Kur für Verrückte im negativen Sinn: Sie bedürfen der Erdung im Angesicht der südlichen Sonne. Sie benötigen Licht, Wärme und sinnliche Erfahrungen. Heilung bietet beispielsweise der von mir ausgearbeitete Zyklus der vier Elementeweihen! Ich kenne keine Krankheit, die nicht geheilt werden könnte!

Ver-rückte im positiven Sinn bedürfen hingegen keiner Behandlung. In unseren "modernen" Zeiten ist nämlich das *Normale* pathologisch und einzig der Ver-rückte kann Anspruch auf Heilsein erheben!

Exemplarische Bevölkerungsgruppen

Im Folgenden möchte ich, angelehnt an mein Drachenzornbuch, auf einige dort unterschiedene weltweite Bevölkerungsgruppen beispielhaft eingehen und sie den unterschiedlichen Regionen des seelischen Lebensrades zuordnen.

Beginnen wir mit Fritz Walter, dem tätowierten deutschen Frührentner. Er kennt sie noch, die sanften Hügel des Ostens seiner Kindheit, ging aber alsbald durch das Tor der Veränderung (Pubertät), arbeitete zeitlebens in Metropolis und gönnt sich nun ein bescheidenes Reihenhäuschen in einer mittelgroßen Stadt. Er ist nicht unglücklich. Jenes Glück aber, von dem er einst träumte, blieb ihm verwehrt! Er hätte noch so viel arbeiten können, das wahre Glück lag nie auf seinem Lebensweg. Mit seinem sarkastischem Humor und dem Feindbild "Ausländer" findet er sich damit ab.

Der bärtige Mann verbrachte bereits seine Kindheit im Haus der geistigen Verblendung, wo er in einem Zimmer der Indoktrination aufwuchs. Er ist Feind der Bestimmer und in seinen Methoden doch noch ungehobelter, brutaler als diese. Sein Leben verbrachte er in *Arabcity* oder den Störzonenfeldern menschlicher Existenz am Rande der Wüste der Sehnsucht. Möglicherweise wird er durch Märtyrertum den Kessel der Wiedergeburt erreichen, noch bevor er im Westen der Menschheit (Ältestenschaft) seinen Platz einnimmt. Seine durchschnittliche Lebenserwartung liegt in jedem Fall unterhalb der unsrigen.

169

Die grauen Bestimmer horten und horten in Babylon, auf von ihnen errichteten Inseln der Träume[32] sowie in ihren Festungen und Bunkern im Gebirge der Macht. Sie bunkern hier Gold und Silber, Benzin und Rohstoff, Nahrung und Werkzeug, Medikamente, Drogen und Waffen und noch vieles mehr! Darüber hinaus haben sie sich mit Gewalt Zugang zum Tempel des Baal/Gral beschafft und üben von dort okkulten Einfluss auf die gesamte Welt aus. Einzig der elitäre Zirkel der Siebenerpriesterschaft steht noch über ihnen. Sie scheuen das Wasser (Gefühl) und fürchten den Norden (Tod). Was ist dies für ein Leben?

Olga aus Leningrad (Slawengrad) hat nach Babylon eingeheiratet, deren Menschen sie zugleich bewundert und verachtet. Ihre Vorfahren leben noch immer an den Rändern der Globalisierung und träumen von ihrer einstigen Stärke. Einige Slawen existieren tatsächlich noch in den grünen Hügeln des Ostens, viele im Schweiße ihres Angesichts in Ackerbau und Viehzucht; die meisten bereits in ehemals sozialistischen Kopien von Metropolis, genährt aus stinkig kommunistischen Träumen. Andere in der Steppe des Zweifels oder der Wüste der Sehnsucht, noch andere im Delirium ihres Wodka im fernen Süden der menschlichen Existenz. Olga ist glücklich, hier zu sein, es geschafft zu haben.

Bleiben wir in Babylon und betrachten uns Bob Washington, den Arbeiter. Oder ist er Angestellter? Ist er Verkäufer, Vertreter, Handwerker, Bademeister? Er ist

---

[32] Hollywood beispielsweise wurde auf einer fernen Trauminsel im Südwesten errichtet.

noch dümmer als Fritz, hat sich nie eine Reise in den Süden der Fülle gegönnt. Bob ist strebsam, bescheiden und glaubt jeden Scheiß, den sie ihm vorsetzen, der arme Kerl. Schlechte Ernährung, aber kein Mangel an Proteinen. Schlechte Bildung, aber kein Mangel an Unter-haltung. Unten-haltung?!

Kommen wir zu den verbleibenden Nomaden dieser Welt, welche im Gegensatz zu Walter, Olga oder Bob Metropolis bis heute meiden. Sie leben noch immer verstreut in den Randgebieten unserer globalisierten Welt von der Wüste der Sehnsucht über die Steppe des Zweifels (mit ihren scharfen Gräsern, die einem beim Laufen in die Beine schneiden), über die Savanne des Ursprungs bis hinein in den tropischen Regenwald ewiger Fülle. Was sollen wir über diese Menschen sagen, außer dass sie vom Aussterben bedroht und zugleich glücklicher sind als wir? Letztlich gesünder?

Auch der *afrikanische Schwarzafrikaner* wächst außerhalb der Segnungen von Metropolis auf. Zwar lebt er in einer vergleichbaren afrikanischen Variante, so wie der Slawe in seinem *Slawengrad*. Nennen wir seine Metropole doch einfach *Propellerstadt*. Jeder andere Name hätte es auch getan. Doch von Segen ist hier nur wenig zu sehen. Besser geht es da fast noch jener Minderheit, die noch immer auf dem Land ihr Überleben fristet. Viele der Bewohner *Propellerstadts* und auch vom Land nehmen die beschwerliche Überfahrt am Rande der Suchtküste auf sich, die hier nicht selten zur Todesküste wird. Sie versuchen über den Kessel der Wiedergeburt und die Steppe des Zweifels und der Ungewissheit ins originale Babylon, nach *Metropolis*, vorzudringen. Den Glücklichsten von ihnen ergeht es hier wie Bob Washington. Andere werden zu Opfern und fristen den Rest ihres Daseins im Haus der inneren Leere, in den Störfelderzonen[33] oder gar den Sümpfen des Wahnsinns. Nur wenigen gelingt es, sich in einer Weise zu integrieren, die beide Seiten glücklich macht, Gast und Gastwirt.

Springen wir zu den Blumenkindern der Heide. Wenn diese auch jeden einladen, zu ihnen zu kommen und mitzumachen, so finden doch nur die wenigsten den Weg in die bunte Gemeinschaft. In gewisser Weise überspringt das Blumenkind den babylonischen Korridor im Zentrum des Südens und geht von seiner Heimat in den grünen Hügeln - entlang der Steppe des Zweifels - direkt ins Heideland der Gemeinschaften, um von dort aus dann schrittweise in den magischen Zauberwald der Einhörner umzusiedeln. Eine vergleichsweise gesegnete und bewusste Lebensform.

Ein eklatanter Gegenentwurf zu den Blumenkindern ist jener des Glatzköpfigen. Er hasst alles Fremde, ist selbst voller Angst zerfressen und scheut nicht davor zurück, andere körperlich einzuschüchtern oder gar ernsthaft zu verletzen, bis hin zum Mord an Andersdenkenden, Andersfühlenden, Andersseienden. Als Reaktion hierauf ist er den Babyloniern genauso verhasst wie fast jeder anderen Lebensform. Der Glatzköpfige ist gleichermaßen

---

[33] hier: typische und zugleich grausame Position der Benachteiligung von Menschen, die sich außerhalb jeglicher sozialer Grundabsicherung wiederfinden. Es gilt von hier aus erneut über die Höhle des Schicksals ins Leben einzutreten.

Feind der Bärtigen, Feind der Juden, Feind der Slawen, Feind der Blumenkinder, Feind der Babylonier, Feind aller anderen außer sich selbst. Leider liebt er sich deshalb noch lange nicht.

Was ist mit den Südamerikanern? Sie haben ihr eigenes Lebensrad - möglicherweise noch vielfältiger als das eurasische. Es gibt dort nichts, was es nicht auch hier gäbe und vielleicht darüber hinaus noch einiges andere mehr! Zumindest in anderer Gewichtung.

Betrachten wir nun die in orangenen Kutten gekleideten Menschen des Ostens, die einstigen Wächter des Tempels des Baal/Gral. Viele von ihnen leben in eigenen inselgleichen Tempeln. Sie besuchen regelmäßig den Schädel der Erkenntnis und sind auch in Empathia gern gesehene Gäste. Ansonsten halten sie sich aus dem Zeitgeschehen weitestgehend heraus.

Die direkten Nachbarn der Europäer sind Russland, der nahe Osten, Afrika und Nordamerika. Andere Weltregionen beeinflussen uns weniger. Die orangenen Kutten machen hier eine Ausnahme. Sie sind präsent in den Köpfen und Herzen vieler Menschen.

Als Blaue bezeichnen wir gerne die Christen. In ihrer Lebensführung heben sie sich allerdings nur selten von anderen Babyloniern ab. Ganz im Gegenteil erhoben sie ihren Turm zur vorherrschenden, ja „systemrelevanten" Religion dieses Systems.

Was ist mit den Juden und Muslimen? Was soll mit ihnen sein? Sie leben hier und dort und keiner mag sie wirklich. Auch untereinander sind sie sich nicht eins. Sie sind wie alle anderen.

Am Ehesten noch - innerhalb der Mauern Babylons - leisten der schwarze Block (die Anarchisten) und die violette Fraktion (die Spirituellen) Widerstand ebenso wie die sogenannten „Reichsbürger" oder „Salafisten". Ein Ergebnis der Draco-Veden könnte es sein, diese Bevölkerungsgruppen unter naturspirituellen Gesichtspunkten zusammenzubringen und zu einer Bewegung personaler Menschen zu einen. Natürlich sind auch alle anderen eingeladen!

Diese Aufzählung erfolgte ohne wertende Reihenfolge!

Exemplarische Lebensläufe

Lass mich beispielhaft mit mir und meiner eigenen Familie beginnen. Ich wuchs in Babylon auf, am Rande von Metropolis. Dennoch gelang es ihm immer wieder, Utopia, die geheime Hauptstadt des Ostens, zu besuchen. Diese wird zwar längst von babylonischen Fiktionsspezialisten belagert, die die Macht und den Glanz Utopias mit Hollywood zu kopieren versuchen. Doch Utopia ist noch immer ungestürmt! Babylon befürchtet, sich mit einer Zerstörung Utopias der eigenen Ideen zu berauben, jetzt, wo die Zetas weg sind. Es fürchtet einen Zweifrontenkrieg mit Utopia und Empathia. Kann Utopia denn überhaupt jemals zerstört werden? Nein, uns so konnten die von den Bestimmerfamilien im Ostgebirge bezahlten und von ihnen geschulten Autoritäten Babylons meine Ausflüge nach Utopia auch nicht verhindern. Ich trank aus dem Brunnen des intellektuellen Verstehens und floh zumindest geistig, noch ehe ich durch das Tor der Veränderung die grünen Hügel meiner Kindheit für immer verließ. Wohnhaft in Babylon etablierte ich mich und unternahm Ausflüge in die verschiedenen Richtungen. So besuchte ich u.a. die Steppe des Zweifels, die Wüste der Sehnsucht und auch ein Jahr lang das Heideland der Gemeinschaften im Südwesten (Pyrenäen). Mit meinen Fahrten nach Asien, Afrika und Amerika bereiste ich zugleich die innere Landkarte meiner Seele. Im Laufe meines Lebens gelangte ich selbst nach Thule und in die Gefilde meiner Ahnen, etwas, was viele Babylonier ängstigt. Fürchten sie deren Zorn? Heute lebe ich mit eigener Familie in der Hütte des Philosophen.

Mein Vater wuchs in den grünen Hügeln am Rande des Ostgebirges auf (Sudetenland). Seine Nähe zu den Bergen der Macht offenbarte sich im Ausbruch des zweiten Weltkriegs und seiner Vertreibung aus Mähren im Alter von sechs Jahren. Plötzlich war Utopia fern. Angekommen in Babylon durchschritt Vater das Tor der Veränderung und gründete eine Familie. In gewisser Weise schaffte er es, den großen Verlockungen von Metropolis zu widerstehen und lebte als frei denkender Bürger. Sein Anlauf, das Tor der zweiten Chance unbeschadet zu durchschreiten, scheiterte allerdings. Unvermittelt fand er sich in der Höhle des Schicksals wieder. Nach einem lang anhaltenden Rosenkrieg mit meiner Mutter heiratete er ein weiteres Mal und wurde doch abermals zurückgerissen in die Höhle des Schicksals: Bei einem nächtlichen Krampf mit anschließendem Sturz zertrümmerte er sich seine beiden Schultergelenke. Welche Lektion also hatte er nicht lernen wollen? Spätestens jetzt wurde Vater zum personalen Krieger, der die dornige Steppe des Zweifels zu durchschreiten hatte, um in die klärende Savanne des Ursprungs zu gelangen. Während andere seines Alters sich bereits im europäischen Mischwald des Westens niedergelassen hatten, wurde Vater auf dem Weg nach Empathia zu einem auf sich alleine gestellten Jäger und Gefühlssammler. Ob er von seinem jetzigen Standpunkt erneut Empathia erreicht und sodann sogar in den Zauberwald der Fülle einkehrt, wird sich zeigen. Eine andere Reiseroute wäre jene in die Heide der Gemeinschaft.

Meine Mutter stammte aus einem Randgebiet Babylons. Ihre grünen Hügel waren bereits "Pendlergebiet", Wiesbaden die Landeshauptstadt. Der Krieg prägte das Schicksal ihrer Eltern, meiner Großeltern. Ihr Vater überlebte und kam von der Front zurück nachhause. *Normalität* stellte sich ein. Bundesrepublikanischer Frieden. Mutter durchschritt altersbedingt das Tor der Veränderungen und lernte meinen Vater kennen. Nach langer und anfangs auch sehr glücklicher Ehe, wie mir meine Eltern sagten, mit zwei Kindern gesegnet, ereilte auch sie die Trennung. Gegenseitige Schuldvorwürfe trafen nie den Kern des Geschehens. Mutter durchschritt das Heideland, welches ihr karg vorkam und gelangte in den europäischen Mischwald. Wie jeder hier hat auch sie ihre persönliche Geschichte vom Werden und Vergehen.

Mein Bruder wurde von Babylon kalt erwischt. Dieses erstreckte sich zum Zeitpunkt seiner Geburt von Metropolis bereits in einem schmalen Korridor bis zur Mauer der inneren Leere. Hatte er wirklich keine Chance auf eine freudige Kindheit? Die Mächtigen der Berge jedenfalls haben ihre Freude an ihm, denn er arbeitet mittlerweile als *"head of america"* für die zweitgrößte Investmentbank der Welt. Wird es ihm eines Tages gelingen, seinen Auftraggebern einen Haken zu schlagen? Oder wird er wie sie in den grauen Nebeln des Grauens verschwinden? Ist die Wunde, die man ihm schlug, tödlich? Oder wird es ihm wie *Cheiron* ergehen und er wird jenseits des Tores der zweiten Chance zu einem großen Heiler?

Auch mein Schwiegeropa war in Babylon beheimatet und fürchtete nichts mehr als den eigenen Tod. Erst seinem Enkelkind, meiner angeliebten Tochter, gelang es, ihn an der Hand zu nehmen und durch den Zauberwald der Fülle ins Reicht der Holle zu führen.

Im Gegenzug zu unseren Kindern wachsen die Nachkommen der Bestimmerfamilien in einsamen Bergfestungen auf. Ihre sinnlichen Freuden sind erkauft. Bereits der Westen, das Gefühl, ist ihnen suspekt, und der Norden (hier: Anerkennung der eigenen Vergänglichkeit) wird gänzlich gemieden. Nicht wenige Bestimmerkinder fliehen deshalb in ihren einsamen Stunden aus dem Haus der inneren Leere und gelangen in die seelische Wüste der Sehnsucht. Und gar manches verfängt sich von hier aus in den Königreichen der Begierden. Wäre da nicht ihre Disziplin und das Geld ihrer Familien, wer weiß, vielleicht würden sie von dort aus einsam an der Suchtküste stranden? Ihre einzige Chance wäre, von hier aus den Kessel der Wiedergeburt im Nordosten zu erreichen. Andere, haben sie erst einmal die Königreiche der Begierden erreicht, wenden sich zurück gen Osten und geraten in die Störzonen jener Felder, wo sie selbst zugrunde gehen oder zu wahren Zombies mutieren. Nein, es ist kein Vergnügen als Kind der Bestimmer das Licht der Welt zu erblicken! Ihre Welt ist angstvoll, gierig, falsch und deshalb voller Gefahren.

Wie die Kinder der Bestimmer gelangen auch die Kinder der Armen erst gar nicht nach Utopia, sondern kommen bereits im Haus der geistigen Verblendung in Zimmern des Wahnsinns zur Welt. Viele überwinden vorzeitig jene Steinmauer, die den Osten vom Süden trennt und geraten in die Fänge Babylons oder Länder multipler Süchte, von wo aus es kein Entrinnen gibt. Manche schließen sich auch - je nach Herkunftsort - den Bärtigen oder den Glatzköpfigen an. Einige wenige der aus ärmsten Verhältnissen stammenden mögen aber auch zur Rettung der Welt erkoren sein?! Sie werden als solches zu großen Meistern des Schicksals!

Übung: Erforsche deinen eigenen Lebenslauf und den deiner Familienangehörigen, Freunde und/oder Klienten anhand des gegebenen erweiterten Lebensrads! Bestimme so deren Standpunkte und leite daraus wiederum den bestmöglichen Weg zu weiterer Heilung, Entwicklung und Vielfalt ab!

Die Karriere auf dem grauen Strang

An oberster Stelle des grauen Strangs auf Erden stehen die Anunnaki-Gottheiten (JHWH etc.), gefolgt von der Siebenerpriesterschaft und den Archonten (= Graue = Zetas). Alle diese Wesenheiten wurden zu Beginn Sapos allerdings bereits energetisch entwaffnet. Es verbleiben einzig und alleine einige *graue Eminenzen*. Diese Menschen wurden längst von Archonten ausgehöhlt und mit reptiloidem Anunnakigeist beseelt, sind aber darüber hinaus vollkommen nackt, kopf- und machtlos, was immer sie (und mit ihnen wir) auch glauben!

Dennoch formiert zum gegenwärtigen Zeitpunkt der graue Strang noch immer auf physischer, emotionaler und okkult-mentaler Basis jenes Weltreich, welches wir Babylon nennen. Seine aus dem Bürgertum herausragenden Ränge - immer auch in ihrer weiblichen Form aktiv mitzudenken - sind:

1. Schattenmann (Schattenkrieger)
2. Vasall (Schattenverkünder)
3. Emporkömmling (Schattendoktor)
4. Bestimmer (Schattenmacher)

Wir sprechen hierbei auch von den *babylonischen Rängen der grauen Eminenzen*. Während die Druiden aus allen Schichten der eurasischen Völker kommen, entstammen die Bestimmer immer nur den zehn seit Jahrtausenden als Herrscher aufgebauten Bestimmerfamilien, welche ihre Gefühle bei den Zetas gegen Ideen und Macht tauschten. Sie sind die eigentlichen Schattenmacher und besetzten den Tempel des Baal/Gral.

Als Schattendoktoren, Heiler des kranken Systems oder besser gesagt jene, die es über die Jahrtausende fortschrieben, gelten die Emporkömmlinge[34]. Sie sind keine Bestimmer, sondern die lebenserhaltenden Ärzte des zinsbasierten Herrschaftssystems der Hure Babylons. Darunter kommen die Verkünder, die Vasallen im Rang eines Barack Obama oder eines Medienmoguls.

An vorderster Front - wie immer - stehen die Heerscharen der Schattenkrieger. Sie lassen sich schon von weitem an ihrer Aura erkennen. Eine Täuschung ist kaum möglich! Sie residieren in Türmen aus Stahlbeton und Spiegelglas. Der Stahlbeton schirmt sie in einer Glocke ab und mit dem Spiegelglas versuchen sie den bösen Blick fern zu halten.

Wie können all diese Menschen für die neue Weltordnung, SAPO, gerettet werden oder sind sie mehr noch als wir selbst dem Untergang anheim gestellt? Die Basis des Dialogs zwischen *wahren Menschen* und *Babyloniern* ist noch immer das *Bürgertum*, die Zivilgesellschaft. Wir wissen nicht, was in ihren Seelenbüchern steht. Wenn sie ihre Herzen nicht der höheren Schwingung des Regenbogens öffnen, werden sie vermutlich sterben.

---

[34] Im Sinne der Herrn der Ringe gleichen die Schattendoktoren einem machterhaltenden Saruman im Gegensatz zum eigentlichen Urheber des Übels: Sauron.

Abschließende Lageanalyse

Noch immer ist so viel Gewalt in Europa, Eurasien und der Welt beheimatet, doch wo ist diese im Medizinrad zu lokalisieren? Ähnlich wie die Gier hat auch die zwischenmenschliche Gewalt keinen natürlichen Platz im gottgegebenen Rad. Wenn sie eine Brutstätte hat, so ist dies der Tempel des Baal/Gral. Alle Gewalt geht vom Volke aus... dass wir nicht lachen! Sie wird vom Tempel geschürt. Der Tempel ist krank. Die Falschen sind seine Hüter. Jener Ort im fernen Osten, von welchem Liebe und Erkenntnis in die Welt strömen sollte, wird gehütet und bewacht von babylonischen Schattenmachern, von den Bestimmerfamilien des Ostgebirges. Nenne sie Illuminaten, wenn du möchtest. Nenne sie Arschlöcher, wenn du magst. Nenne sie Opfer der Zetas... all dies wird ihrer wahren Bedeutung nicht gerecht. Sie sind und bleiben jene, die uns u.a. über die geniale Erfindung ihres Zinssystems seit Jahrtausenden beherrschen...

Und dennoch: Die Erde muss nicht gerettet werden! Dies ist meine tiefste Überzeugung, da dies energetisch längst geschehen ist. Es ist nur noch eine Frage der Zeit, bis sich diese Veränderungen auch in den Köpfen und Herzen aller Menschen zeigen und wir gemeinsam in einer pazifistischen Revolution daran gehen werden, "mit unseren Händen" diese Neuerungen auch in der materiellen Welt, im Alltag, umzusetzen. Diese Revolution hat im Übrigen längst begonnen. Dennoch ist noch immer diese unsägliche Gier in der Welt und der damit einhergehende Hass. Und die tief sitzende und bewusst geschürte Angst in den Herzen der Bürger! Obwohl die Burgen und Landeplätze der Zetas in den

Ostbergen 2012 durch entsprechende Rituale längst zerstört wurden, halten sich dort noch immer die zehn bestimmenden Familien. Ich spreche von den Rothschilds und Rockefeller dieser Welt. Auch der Name George Soros sollte genannt werden oder Goldmann-Sachs, Warburg und andere. Sie und weitere ihnen verbündete und untergebene Clans beherrschen unsere Welt. Es sind dies etwa 0,123% der Gesamtbevölkerung[35], etwa 80 Menschen, die die eigentliche Macht in ihren Händen halten und damit die entsprechenden Verantwortung für den Zustand unseres Planetens tragen. Alle anderen Finanz-, Kriegs-, Wirtschafts- und Handelsbarone schwuren ihnen wie in einem Feudalsystem Gefolgschaft. Die eigentlichen Urheber, die Grauen/Zetas oder El Shaddai sowie außerirdische Chitauli/Anunnaki sind längst gewichen. Noch immer halten sich die grauen Eminenzen (Bestimmer) in den Bergen der Macht verschanzt und regieren aus dem Baalstempel des fernen Osten - wenn auch nunmehr kopflos – durch die okkulte Lenkung des globalen Geistes.

Ob *Sauron*, *Saulus*, *Salomon* von oder *Samuel Rothschild*. Das war alles ein und dieselbe *graue* Entwicklungslinie, die weit ins Dunkel unserer Zeit zurückreicht, über das lemurische Reich Mordor, die atlantischen Gottkaiser, die Dynastien der Pharaonen, die Cäsaren, Kaiser und Zaren bis hin zu den zehn Bestimmerfamilien der heutigen Zeit.

---

[35] Zitiert nach <<Die Plünderung der Welt>> von Michael Maier

Spätestens zu Zeiten von Atlantis spaltete sich der graue Strang auf in die beiden Geschwisterschaften von Agharta und Shambhala. Religion spielt dabei in Wirklichkeit keine Rolle. Macht ist und war das entscheidende Kriterium.

„Ein Ring, sie zu knechten, sie alle zu finden, ins Dunkel zu treiben und ewig zu binden"

Längst wurde dieser Ring neu geschmiedet, nachdem er zunächst durch mutige Hobbits im Schicksalsberg vernichtet wurde: Ein Ring aus Zins und Zinseszins. Und doch mühten sich die Bestimmer erfolglos, die Erkenntnis ihrer Weltdiktatur von der Allgemeinheit fern zu halten. Noch immer fanden die Gedankenschmuggler neue Wege, um das wahre Wissen von den Gesetzen des Lebens weiterzuleiten.

Also versuchen uns die Mächtigen durch Genmanipulationen, Fastfood, Chemtrails, Fluorid sowie anderer Gifte, Brot und Spiele weiter zu verkranken und zu verdummen. Gedankenschmuggler nennt man "*whistleblower*" und richtet sie hin. Sie manipulieren uns im Osten, versklaven uns im Süden, verbreiten Angst im Westen. Metropolis, das Herzen Babylons, steht noch immer befestigt, wächst weiterhin, breitet seine Krakenarme in die umliegenden Landschaften aus. Die Vernichtung auch der letzten Naturvölker und Naturräume scheint unmittelbar bevorzustehen und doch regt sich Widerstand. Weltweit entstehen ökologische und soziale Bewegungen, um sich zu widersetzen. Die Bestimmer reagieren mit Skrupellosigkeit und Angst. Sie verschärfen die Kontrollen, Zäune und Gesetze. Die Polizeiapparate und Militärs werden aufgerüstet. Aber wir sind in der Mehrheit! Wir sind der Mensch! Der dem energetischen Sieg folgende wird ein geistiger sein. Deshalb fürchtet man ja auch Bücher wie dieses und versucht ihre Publikation und Verbreitung zu unterbinden!

Die Rolle der Anunnaki oder Chitauli im Konzert der Dunkelmächte ist jünger als jene der Zetas (El Shaddai). Sie kamen zum ersten Mal über Nibiru etwa 3.300 vor Christus zur Erde und ein zweites Mal um 300 nach Christi. Ihre nächste Ankunft lässt sich gegen das Jahr 3900 erwarten bzw. 1888 von SAPO.

Was ist mit der Erde selbst? Warum verhält sie sich so merkwürdig still, bei den skrupellosen Schikanen, die man ihr antut? Respektiert sie den freien Willen aller ihrer Kinder? Aber wie frei sind wir denn wirklich noch? Und doch ist auch die Erde nicht reglos. Durch Stürme, Feuersbrünste, Überschwemmungen und Erdbeben weltweit, weist sie uns ja bereits jetzt auf unser Fehlverhalten hin. Unparteiisch und doch offensichtlich!

Der oberste Patriarch lehnt sich zurück. Er hat keinen Namen. Er hat keine Angst. Sein Herz ist aus Stein. Lange bereits hat er den Untergang kommen gesehen. Er dreht an seinem Ring. Und obwohl eine Blutfontäne aus seinem Kopf sprudelt, liebt auch er seine Kinder. Irgendwo, ganz tief drinnen, verborgen in jener Seele, die zu erforschen er sich niemals getraute. Keine Gefühle zeigen, war die Devise. Gefühle sind für Schwächlinge. Die Zetas nähren sich von ihnen. Keine Gefühle zu zeigen war der Schlüssel seiner Macht. Keine Gefühle, keine Seele, nur kalte Logik und Mammon, wohin man blicken konnte. "Mammon!", ruft der Patriarch, "Mammon, warum hast du mich verlassen?" Doch Mammon schweigt. Er ist aus demselben Stein gehauen wie das Herz des Patriarchen, ein Titan der Dunkelheit. Mama, was ist mit Mama?

Was soll mit den Bestimmerfamilien samt ihren Warlords und der von ihnen anvisierten "neuen Weltordnung" geschehen?

Sollten wir ihre Festungen in den Bergen der Macht mit Waffengewalt erobern?

Spinnenkind meint: Nein, ihre Waffensysteme sind den unseren überlegen und Gewalt würde nur zu weiterer Gegengewalt führen. Wir würden nicht ihnen, sondern einzig uns selbst und unserem friedlichen Anliegen schaden. Enthaupteten wir auch nur einen einzigen der Köpfe dieser Hydra, würden zehn neue nachwachsen. Die Zahl zehn ist ihre Stärke. Das Dezimalsystem ihr Schutzschild und Anker. Elf werden es sein, die sie besiegen!

Sollten wir sie in ihren Festungen durch Belagerung aushungern?

Spinnenkind meint: Welches sind unsere Truppen, die dies vermögen? Die Masse der Menschen? Sie werden sich nicht zur gleichen Zeit erheben, denn man spielt uns gegeneinander aus. Die Kommunisten, die Kapitalisten, die Faschisten, die Sozialisten... die einen gegen die anderen. Die Schwarzen gegen die Weißen gegen die Gelben gegen die Roten... Die Christen gegen die Muslime gegen die Naturreligiösen gegen die Buddhisten... Die Arbeitgeber gegen die Arbeitnehmer gegen die Arbeitslosen gegen die Knastinsassen...

Es wird uns leider nicht gelingen, sie gemeinsam auszuhungern. Eher hungern wir. Eher kommt es zum Bürgerkrieg, Krieg oder Weltkrieg. Chaos und Gewalt würden herrschen. Das kann nicht in unserem Sinne sein, denn die Bestimmer selbst würden diese Krisen finanzieren und weiter davon profitieren. Bereits jetzt bunkern sie Gold und Silber und Platin und Rohöl, Waffen, Holz, Konserven, Vitamine, Medikamente, Sauerstoffvorräte und vieles andere mehr für die nächsten 1000 Jahre. Unsere Leute, das einfache Volk, würde eine Belagerung nicht durchstehen, nicht überleben.

Sollten wir die stille Opposition im Lager der Rothschild selbst unterstützen?

Spinnenkind meint: Nein, diese Leute sind mächtig genug. Wenn sie wirklich guten Willens sind, werden sie alles vorfinden, um das Regime ihrer eigenen Familien zu stürzen. Doch Blutbande wiegt schwer. Bestimmerkinder sind die Bestimmer von morgen. Das geht seit Hunderten, wenn nicht Tausenden von Jahren so. Unterstützen wir diese Leute also nicht auch noch!

Sollten alternative Geistströme über weitere Schmugglerrouten eingerichtet werden?

Spinnenkind meint: Dies ist sicherlich notwendig und gut. Hierfür bedarf es gut ausgebildeter und mutiger Menschen. Die Schmuggler müssen wissen, dass ihnen die Todesstrafe droht. Dennoch erscheint mir dies ein Weg der Hoffnung, und so gehört den Wissensschmugglern meine höchste Ehrerbietung! Mögen sie alle listig und wirkungsvoll operieren und dabei unenttarnt bleiben! Der Segen und die Hoffnung dieser Welt ruht auf ihnen! Wir dürfen sie nicht alleine lassen!

Sollten wir die Bestimmerfamilien aus unseren Bastionen im Westen vielleicht sogar allumfassend lieben? Spinnenkind meint: Die verbleibenden und sich neu formierenden Kreise aus dem Zauberwald des Westens sowie aus dem See der Liebe und den Ländern der Träume sind sicherlich eine große Hoffnung für die Welt. Noch immer wird auch die Kraft der Einhörner, Drachen und Zentauren nur unzureichend genutzt. Welches sind unsere Truppen? Die Widerstandskämpfer aus Utopia, die Menschen aus den grünen Hügeln der Kindheit, die Opposition in und um Babylon, die Gemeinschaften aus dem Heideland, die Jäger und Sammler aus der Savanne des Ursprungs, die sirianischen Delfine aus der Kristallhöhle der Heilung, die Träumer von fernen Inseln des Wohlstandes und der Freiheit für alle, die Weisen der Wälder sowie unsere Ahnen und die Geistwesen aus Thule und dem hohen Norden. Alleine in der Mittelwelt sind wir noch immer viele. Wohlwollende, mächtige lichte Kräfte aus den unteren und oberen Welten erst gar nicht gezählt! Reicht es daher, die Bestimmerfamilien einfach nur zu lieben? Sollten wir nicht unser komplettes, mannigfaltiges Potential abrufen? Sind nicht neben der Liebe, der Spiritualität und dem richtigen Denken auch handelnde Aktionen gefragt? Und zwar immer und immer wieder! Können wir sie nicht zermürben? Im Frieden, ja, im Geiste des Pazifismus und doch zugleich im Bewusstsein, sich niemals zu beugen, niemals mehr aufzugeben!

Sollte man versuchen, die Bestimmerfamilien und ihre
Mitglieder mit ihrem eigenen Gefühl, ihrer eigenen Liebe
für alles, in Kontakt zu bringen?
Spinnenkind meint: Versuchen kann man dies gerne und
sollte es auch! Zugleich haben diese Menschen jedoch
unglaublich dicke Schutzpanzer um sich gebaut. Nicht
nur, dass sie ihre Körper mit gutem Essen versorgen und
sich zugleich in Studios fit halten. Da sind vor allem ihre
ledernen Emotionalkörper, die getrimmt sind, keine
Regung zuzulassen. Sodann Mentalkörper, gezüchtet auf
Erfolg ohne Gewissen und ionische Schilde der
schwarzen Magie ihres Gottes, des Mammon.
Normalerweise werden sie Menschen wie dich oder mich
erst gar nicht vorsprechen lassen. Oder haben wir es
einfach noch nicht wirklich versucht, weil wir zu sehr mit
uns selbst beschäftigt waren? Haben wir es wirklich,
wirklich versucht? Ich kann es dir nicht sagen.

Warum hat man die Bestimmer nicht längst schon
gemeinsam mit den Zetas vertrieben?
Spinnenkind meint: Die Bestimmer sind Menschen - wie
du und ich - die Zetas aber waren eine außerirdische
Macht, die sich von unseren Gefühlen nährte. Die Würde
des Menschen gilt auch für unsere Bestimmer und
mögen es noch so große Blutsauger sein!

Fazit der abschließenden Lageanalyse

Es ist kein Zufall, dass unser Tiefenbewusstsein auf dem Grunde des westlichen Meeres zuhause ist, während die Bestimmerfamilien, die von dieser Magie nichts wissen wollen, in den östlichen Bergen der Macht sitzen. Doch sind ihre Seelen zerbrochen, nicht heil. Es wird ihnen nie gelingen, sich mit dem Flug des Adlers über diese Gipfel zu erheben. Hier ist die Endstation, ihre letzte Bastion. Möglicherweise wird einigen wenigen von ihnen noch der Tempel des Baal/Gral eine Weile Zuflucht bieten, bis auch dieser wieder in die Hand der *wahren Menschen* gebracht wurde. Der einzige Weg zum Überleben der Bestimmer ist jener, der in die Tiefen der unteren Welten führt. Weigern sie sich aus Angst, diesen zu beschreiten, werden sie die Erde auf lange Zeit verlassen müssen. Viel Kraft liegt in den Bergen des Ostens, doch einzig jenen, die ihre eigenen Tiefen in Demut lieben, wird auch das dort verborgene Bewusstsein zuteil.

Das Grundproblem bleibt die notwendige Schattenintegration der Bestimmer. Also müssten folgerichtig die Herrscher der östlichen Bergfestungen angeleitet werden, in die unteren Welten hinab zu steigen! Bis tief hinunter zu Satanus und Lilith! Wie kann dies jedoch erfolgen?

!!! SIE VERWEIGERN !!!
DEN WEG DER WAHREN MENSCHEN

!!! SIE NEGIEREN !!!
DEN LICHTEN ENTWICKLUNGSSTRANG

Es gibt nur eine Lösung. Wir müssen die Schatten zu ihnen in die Berge tragen! Jene systemischen Schatten, die sich bereits sichtbar auf der ganzen Welt zeigen und welche die Verursacher - zumindest im materiellen Bereich - noch immer zu verschonen scheinen. Werden sie nicht immer noch reicher und reicher? Gehören ihnen nicht schon über 80% unserer Welt? Doch welche Rolle spielt das noch? Ihr Schatten ist bereits so allmächtig, dass er die gesamte Welt zu verschlingen droht! Doch ist die Verzweiflung am größten, naht die Rettung. Woher? Aus welcher Richtung? Aus den Bergen selbst, denn dort werden wir sie mit ihren eigenen Schatten, nämlich mit uns selbst, konfrontieren!

Die Bestimmer mit uns selbst konfrontieren !!! Das ist die einzige Lösung , die ich sehe!

Die Rothschilds und der ultimative Chip (der Ring) sind indessen nur eine Geschichte von vielen. Nichts ist, wie es scheint! Wo uns Zerstörung und Schrecken in den Nachrichten gezeigt werden, ist in Wirklichkeit Frieden und Entwicklung! Die Seelen der zu Unrecht Getöteten kehren zurück und sind mitten unter uns! Weltweit geschehen spontane Heilungen! Die Transformation unserer Herzen und Seelen ist in vollem Gange!

Mit der personalen Lebensschule auf dem Weg der wahren Menschen gehörst auch du zur Bewusstseinselite dieser Welt. Wir sind nicht besser oder schlechter als andere! Wir stellen uns lediglich den Herausforderungen der drei Welten und vier Richtungen, lassen uns vom Kosmos der Erfahrungen *impfen* - nicht vom Weißkittelkoch - integrieren unsere Schatten und befreien so unsere geschundenen Schilde von ihrem Müll. Sodann begleiten wir auch andere auf dem Weg von Babylon nach SAPO. Die Macht Babylons ist bloße Illusion. Bleibt im Vertrauen! Euch gehört die Zukunft. Geht in die Berge! Glaubt an euch! Nicht ihr seid verrückt! Diese Welt ist es. Nicht ihr seid falsch! Das System ist es! Nicht die Bestimmer haben Macht. Ihr habt sie! Unendliche Schöpfungsmacht! Bleibt im Vertrauen! Bleibt in der Liebe!

Ihr seid die Töchter und Söhne von Göttin und Gott, Sophia (Schechina) und Christo (El Chai). Kinder von Mutter Erde und Vater Sonne. Vergesst dies bitte nie!

Ihr seid die kleinen Götter auf dem Weg zur eigenen menschlichen Größe und Befreiung! Vergesst dies bitte nie!

Die Weisheit und Widerstandskraft eurer Ahnen wirkt durch euch! Vergesst dies bitte nie!

Der göttliche Plan der Entwicklung (GPDE) ist stärker als der graue Strang! Vergesst dies bitte nie!

Die Zetas (Archonten) wurden längst vertrieben! Ihr seid nicht alleine! Vergesst dies bitte nie!

Die endgültige Transformation dieser Erde ist nur noch eine Frage der Zeit! Vergesst dies bitte nie!

Energetisch wurde unsere Erde längst gerettet! Vergesst dies bitte nie!

Nichts, keine Macht der Welt, hat die Kraft, eure Seele zu brechen! Alle Größe ist in euch! Vergesst dies bitte nie!

Unendliches Leben! Unendliches Bewusstsein! Unendliche Glückseligkeit! Vergesst dies bitte nie!

Zusammenfassung der eurasischen „Seelengraphie"

NORDOSTEN
Buschreihe mit dem Tor der Geburt// Schädel der
Erkenntnis (Tor der Bodhisattvas)// Nexus = kleine
persönliche Himmel (zugleich zweite Oberwelt)

OSTEN
Wand der geistigen Verblendung// sanfte, grüne Hügel
der Kindheit (Weidewirtschaft)// Utopia (Hauptstadt) mit
dem Brunnen des intellektuellen Verstehens// Teich der
Jugend

MITTLERER OSTEN
Gebirge der Macht mit 64 Gipfeln (ink. Slawengrad)

FERNER OSTEN
Länder der Abstraktionen, Symbole und Systeme// gelbe
Reiche// Austri und Euros

SÜDOSTEN
Natursteinmauer mit dem Tor der Veränderung
(Pubertät)// Höhle des Schicksals (= Tor des frühen
Ausstiegs)// Störzonenfelder mit Arabcity// Insel A

SÜDEN
Wand der inneren Leere// Babylonischer Korridor mit
Metropolis und dem Brunnen des sinnlichen Begreifens//
ansonsten Ackerbau und Viehzucht// Steppe des Zweifels
(Subsistenzwirtschaft)

MITTLERER SÜDEN
Wüste der Sehnsucht (ink. Propellerstadt)

FERNER SÜDEN
Königreiche der Süchte und Begierden (ink. Barracktown)// Sudri und Notos

SÜDWESTEN
Heideland der Gemeinschaften, Tor der zweiten Chance (Mittlebenschance) und Steppe des Zweifels// Kessel der Wiedergeburt (Tor der Träume)// Suchtküste und Todesstrand

WESTEN
Wand des emotionalen Dramas// Vorhof der Angst// europäischer Altersmischwald von Werden und Vergehen// See der Liebe mit Empathia (Hauptstadt) sowie dem Brunnen des empathischen Erspürens// südlich: Savanne des Ursprungs (Jäger- und Sammlerkulturen); an der Küste: Provinzia; nördlich: Zauberwald der Fülle (tropischer Regenwald)

MITTLERER WESTEN
Meer des Tiefenbewusstseins/Tiefschlaf// Kristallhöhle der Heilung (sirianische Delfine)

FERNER WESTEN
Inseln der südlichen und nördlichen Träume// im Norden: Schildkröteninsel; im Süden: Lateinerinseln und Feuerinsel// Westri und Zephyros

NORDWESTEN
Nebelschwaden mit dem Tor des Morpheus und dem Tor der Holle// Nebel der Trauer oder des Grauens// Sümpfe des Wahnsinns

NORDEN
Wand des materiellen Mangels// Reich des Morpheus (Taiga)// Shadowtown mit dem Brunnen des intuitiven Erahnens// Reich der Holle (Tundra) mit Nordkap (ink. Boomtown)

MITTLERER NORDEN
Nordmeer und Thule// Jenseitsbrücke mit dem Punkt ohne Wiederkehr

FERNER NORDEN
Willkommenszentrum und Nexus (zugleich zweite Oberwelt)// Nordri und Boreas

ZENTRUM
Weltenbaum und Nemeton (heiliger Hain)

Auch wenn sicherlich noch weiteres empirisches Material erhoben werden muss und auch Langzeitstudien im Vergleich mit anderen Heilweisen durchzuführen sind, möchte ich abschließend noch einmal auf das große Heilpotential der Arbeit mit dem seelischen Medizinrad hinweisen! Heilung bedeutet Entwicklung und Entwicklung bedeutet Vielfalt!

Für Heilung! Für Entwicklung! Für Vielfalt!

Nidda, den 17.11.2014
Thorsten Nagel
(Freier Druide Spinnenkind)

Nachwort

Die DRACO-Matrix wird auch in 100 oder gar 2000 Jahren noch Gültigkeit besitzen und zwar unabhängig davon, ob meine Schriften bis dahin überdauern. Meine Mission in dieser Welt ist die Erforschung und Darstellung der gelebten Drachenkraft dieser *Matrix* oder des kentaurischen Bewusstseins, wie es Ken Wilber nennt. Zur letztlichen Implementierung der *Matrix* und ihres gesellschaftlichen Durchbruchs bedarf es weiterer Menschen mit - ich betone - allen Freiheiten zur persönlichen Selbstentfaltung innerhalb und außerhalb des von mir Geschriebenen! Es bedarf Menschen mit dem Mut und der Entschlossenheit, die von mir dargelegten naturspirituellen Entwicklungsschritte ganzheitlich nachzuvollziehen. Es bedarf einer neuen Schule des Lebens. Die Basis wurde gelegt! Sie ist gut! Sie ist würdig! Entscheide der *Allgeist* selbst darüber, wann das Zeitalter des druidischen Regenbogens, der neuen Drachenschüler, der naturspirituellen Ränge, sprich des wahren Menschen, beginnen möge!

Spinnenkind ist alt geworden. Dies war sein <<Vermächtnis>>. Nach Abdullah (1990-96) scheidet auch Spinnenkind (2006-2015) dahin. Spinnenkind ist erlöst. Spinnenkind ist frei. Eine weitere Inkarnation in Indien ist nicht notwendig. Der mit dem Drachenherz heilt wurde geboren. Das Leben geht immer weiter

Spinnenkinds Bibliographie

1. Die Lebensschule - Handbuch eines zeitgemäßen keltischen Schamanismus. Private Erstauflage September 2006; bei bod: Januar 2009; aktuell in seiner vierten Auflage

"Wenn ich heute auch einzelne Sachverhalte anders beurteilen würde, blieb diese Philosophie doch seitdem prägnant für mein gesamtes weiteres Leben und Schaffen!"

Standardwerk zum Thema Entwicklung in den vier Rängen: Das Buch geht von einer keltisch-universellen menschlichen Entwicklung in vier traditionellen Rängen aus und liefert eine Zusammenfassung (core-)schamanischer Methoden. Beides wird kombiniert.

2. Ausbildung zum Krieger, Barden, Schamanen und Druiden. Erschienen im bod-Verlag. Juni 2010

Die wichtigsten Funktionen und Tätigkeitsbereiche der naturspirituellen Ränge und ihre Zertifizierung. Als systematische Ergänzung zur Lebensschule zu verstehen!

3. 33 Lebensgesetze und ihre praktische Anwendung. Kompendium aller Naturgesetze. Erstmals erschienen im Februar 2011 im bod-Verlag. Überarbeitete Zweitauflage im Juli 2011

Eine umfassend in fünf Ebenen gegliederte Perle zum Thema Lebensgesetze. Ein Appell an alle, sich von ihrer Liebe und Intuition leiten zu lassen und sich ihr eigenes Schicksal, ihre eigene Legende und Wirklichkeit zu gestalten!

4. Der Medizinradkrieger. Auf der Suche nach der Weltenformel. Erschienen Dezember 2012im Einbuchverlag, Leipzig, unter dem Pseudonym T.C. Wilde. U.a. Lesung während der Leipziger Buchmesse 2013

Ein spiritueller Fantasy-Reiseroman. Mein erster und - obwohl als Trilogie angelegt - bisher einziger Roman mit Außerirdischen, Drogen, Sex und Rock'n'Roll. Alte Schule eben!

5. Männer - Männlichkeit - Mannsein. Ein Leitpfaden zur Maskulinität. Erschienen im Shaker-Verlag 2013

Ein Standardwerk zum Thema Männlichkeit. Was bedeutet es Mann zu sein? Was ist Maskulinität? 103 Betrachtungen auf 558 Seiten rund ums Thema. Wie immer in meinen Büchern mit einigen provokanten Thesen. Nur für Männer!

6. Männercoaching
Erschienen Oktober 2013 bei lulu

Männercoaching oder Coaching von Männern für Männer sollte immer im Hinblick auf Naturspiritualität, persönliche Entscheidungsfindung und männliche Initiation (Übergangs-zeremonien) geschehen. Dem Männer-coaching zugrunde liegt ein maskuliner Verhaltenskodex.

7. Neue Männlichkeit und Dominanz
Erschienen Oktober 2013 bei lulu

Neue Männlichkeit beschäftigt sich erneut mit maskuliner Spiritualität, den 30 Gesetzen von Freiheit und Dominanz, Alphatraining sowie gelingender Beziehungsgestaltung.

8. Modernes Schamanentum - Schamanische Praxis
Erschienen Oktober 2013 bei lulu.

Ein würdiges Standardwerk zum Thema gelebtes Schamanentum mit 142 Übungen basierend auf jahrzehntelanger schamanischer Erfahrung.

9. Drachenzornbuch
Zweite Auflage. Februar 2014 bei lulu

"Manchmal betrachte ich die Erde mit den Augen eines Drachen. Und ich meine nicht die schamanische Intuition oder druidische Magie, sondern einfach und alleine authentische Drachenaugen..." Ein Werk so schräg wie sein Titel!

10. DRACO-Druidenbuch.
Erste Fassung Juli 13. Zweite Fassung September 14. Aktuelle dritte Fassung Mai 2015 bei lulu

"Gelegentlich komme ich mir vor wie der Tom Bombadil unter den deutschsprachigen Druiden."

Hier ist Spinnenkinds Beitrag zum Thema Druidentum: Er akzeptiert die Tatsache, dass wir vom traditionellen europäischen Druidentum nur mehr unzureichendes Wissen besitzen. Das keltische Druidentum-an-sich entwickelte sich dennoch - flexibel assimilierend - bis zum heutigen Tag weiter. *"Druide ist, wer Druide war."* Das Buch kündet von der Möglichkeit eines modernen druidischen Lebens! Das Feuer brennt noch immer! Ein Muss für alle Druiden der DRACO-Linie!

11. 365 Tage Druide!
November 2014 bei lulu

Ein ver-rücktes Kleinod zum Thema Druidentum!

12. Einheitliche Kosmologie und Geschichte der Menschheit
Aktuelle Fassung: Dezember 2014 bei lulu

Ein zum Verständnis von Spinnenkinds Werk sehr wichtiges Buch! Es bietet eine chronologische und vor allen Dingen stringente Übersicht von der Entstehung der Erde bis heute - neben anerkannten Fakten auch all jene Dinge, welche man uns wissentlich verschweigt oder unwissentlich vorenthält.

13. Die europäische Blaupause
Erstauflage Dezember 2014 bei lulu

"Wir suchen immer bei Indern und Indianern, doch die Wahrheit unserer Wurzeln liegt im Boden unter den eigenen Füßen, in den Pflanzen, Tieren, Steinen und Überlieferungen von Mutter Europa." Ein Standardwerk zum Thema europäische Spiritualität, von welchem unseres Erachtens viel Heilung ausgeht: *"Auf der Suche nach dem europäischen Avatar!"*

14. Landkarte der europäischen Seele
Text Juni 2014. Fertigstellung, Graphik und Druck Mai 2015. Lulu

Ein wichtiges, stringentes Buch mit 44 Graphiken von Wolf Bbecker

15. Naturspirituelles Manifest
Januar 2015 bei lulu

Eine gereifte Zusammenfassung naturspirituellen Denkens der DRACO-Drachenlinie: *"Habe Gewissheit, auch in den dunklen Wintern Babylons: Das LICHT siegt immer! SAPO - die **S**pirituelle **A**narchie **P**azifistisch **O**rganisiert - ist bereits in und mitten unter uns!"*

16. Spinnenkinds Vermächtnis
Januar 2015 bei lulu

Entscheide der Allgeist selbst darüber, wann das Zeitalter des druidischen Regenbogens, der neuen Drachenschüler, der naturspirituellen Ränge, sprich des wahren Menschens beginnen möge:

"Das System ist eine Hure, die noch immer zuckt, obwohl man ihr längst den Kopf abgeschlagen hat!"

Im Teil 2 des Buchst geht es um die Heilung mithilfe eines in die vier Himmelsrichtungen erweiterten "druidischen" Medizinrads.

Drachenherzens Bibliographie

17. Götter im Kessel
Mai 2015 bei lulu

Ein persönliches Interview mit einem modernen Druiden.

18. Buch der Heilung
Mai 2015 bei lulu

Das Buch basiert auf der Erfahrung eigener Heilung und eigenen Heilseins und behandelt das Heilungsthema aus der für Spinnenkind und später Drachenherz ganz eigenen Perspektive.

19. DRACOVEDEN
Mai 2015 bei lulu

Das von Urgroßvater Ernst Pfeifer verfasste Fragment, welches Spinnenkind zeitlebens formte und zur Gründung der DRACO-Stiftung veranlasste. In der Herausgabe von Drachenherz.